工学结合·基于工作过程导向的项目化创新系列教材
国家示范性高等职业教育土建类"十三五"系列教材

建筑工程测量

主　编　闫魁星　吴佩兰
副主编　谢素云　王　晓
参　编　刘　义　郑　伟
　　　　陈　政　郭　鋆
主　审　王守富

华中科技大学出版社
http://www.hustp.com
中国·武汉

图书在版编目(CIP)数据

建筑工程测量/闫魁星，吴佩兰主编.—武汉：华中科技大学出版社，2020.8
ISBN 978-7-5680-6344-9

Ⅰ.①建… Ⅱ.①闫… ②吴… Ⅲ.①建筑测量—高等职业教育—教材 Ⅳ.①TU198

中国版本图书馆CIP数据核字(2020)第152184号

建筑工程测量
Jianzhu Gongcheng Celiang

闫魁星 吴佩兰 主编

策划编辑：袁 冲
责任编辑：刘 静
责任监印：朱 玢
出版发行：华中科技大学出版社(中国·武汉) 电话：(027)81321913
武汉市东湖新技术开发区华工科技园 邮编：430223
录 排：武汉三月禾文化传播有限公司
印 刷：武汉科源印刷设计有限公司
开 本：787mm×1092mm 1/16
印 张：8.25
字 数：210千字
版 次：2020年8月第1版第1次印刷
定 价：30.00元

前言

本书主要面向建筑工程技术、工程造价、工程管理等专业学生。

本书从构建学生的测量知识结构出发，从实践工作需求出发，编写了建筑工程测量的基本知识、建筑施工场地平面控制测量、平面控制网的布设、建筑物的轴线测设、建筑的定位与放线、基础施工测量、工程细部测量、建筑物变形观测、能力拓展等九个项目，帮助学生了解和掌握水准仪、经纬仪、全站仪、激光铅垂仪等仪器设备的基本操作和应用技巧。

本书介绍当前工程测量相关工作中基本、常见、实用的测量仪器与测量方法，对测量原理也有提及，兼顾了普及与提高，力求做到科学性、知识性、适用性相统一，并反映近年来国内外工程测量应用的新成果和新动态。

本书所列实训操作内容以湖北生态工程职业技术学院11栋学生公寓建筑施工图、结构施工图以及公租房消防道路施工图为基础，具有较强的可操作性。

参加本书编写的有：湖北生态工程职业技术学院闫魁星（项目1、项目2）、吴佩兰（项目3）、王晓（项目4）、郑伟（项目5）、刘义（项目6）、谢素云（项目7）、陈政（项目8）、郭鋆（项目9）。

本书由湖北生态工程技术学院王守富副教授主审，由闫魁星、吴佩兰担任主编，由谢素云、王晓担任副主编。

本书在编写过程中参阅了大量的文献和资料，在此对这些文献的作者及资料的提供者表示深深的谢意。

由于编写时间有限，本书不可避免地存在种种缺陷。在本书第一版投入使用后，编者将立即组织师生收集相关的反馈意见，以备修订，确保不断提高质量，更加适合建筑工程技术等相关专业的师生使用。

编　者

2020年8月

目录

项目 1

建筑工程测量的基本知识

学习导言

建筑施工测量是测量学的重要组成部分。随着社会的发展，工业及民用建筑对工程测量提出了很高的要求，建立测量控制网、土建定位、设备安装、大型厂房定位、金属网架拼装、整体吊装就位、变形测量等均要求达到很高的精度。

学习目标

（1）掌握建筑工程测量的概念。

（2）明确测量的工作内容。

在建筑工程施工阶段，应用测量仪器和工具，采用一定的测量技术和方法，根据工程施工图纸要求所进行的测量工作称为施工测量。

施工测量的任务是把图纸上设计的建(构)筑物的平面位置和高程,按设计和施工的要求在施工作业面上测设(放样)出来,作为施工的依据,并在施工过程中进行一系列测量工作,以指导和衔接各施工阶段和工种间的施工。施工测量贯穿施工的始终,从建立施工控制网、场地平整、建(构)筑物的放样,到构件与设备安装,都要进行一系列的测量工作,以确保施工质量符合设计要求。施工中每道工序完成后,都要通过测量检查工程各部位的实际平面位置和高程是否符合要求,还要编绘竣工图和资料,作为验收时鉴定工程质量及工程交付后管理、维修、扩建和改建的依据。随着施工的进展,还应对一些大型、高层或特殊建(构)筑物进行变形观测,作为鉴定工程质量和验证工程设计、施工是否合理的依据。

(1) 施工测量是直接为工程施工服务的,它必须与施工组织计划相协调。测量人员应与设计人员、施工人员密切联系,了解设计内容、性质及对测量精度的要求,随时掌握工程进度及现场的变动,使测设精度和速度满足施工的需要。

(2) 施工测量的精度主要取决于建(构)筑物的大小、性质、用途、所用材料和施工进度等因素。例如,施工控制网的精度一般高于测图控制网的精度,高层建筑测设精度高于钢结构建筑测设精度。施工测量精度不够,将造成质量事故,使测量标志易遭破坏,因此,测量标志从形式、选点到埋设均应考虑便于使用、保管等。

(3) 现代建筑工程规模大,施工进度快,测量精度要求高,所以在施工测量前应做好一系列准备工作,认真核算图纸上的尺寸与数据,检校好仪器和工具,制定合理的调设方案。另外,在测设过程中,要注意仪器和人身安全。

任务1.1 学习建筑工程测量实训规定

1.1.1 测量实训的程序规则

(1) 实训课前,应认真预习建筑工程测量实训教程的相关内容,明确实训目的、要求、操作方法和步骤以及注意事项,保证按时完成实训任务。

(2) 实训应以小组为单位,组长负责组织和协调工作,负责按规定办理仪器和工具的借与还手续,并检查所借的仪器和工具与实训要求是否一致。

(3) 实训过程中,必须认真、仔细按照操作规程操作,遵守纪律,听从指挥,培养独立的工作能力和严谨的科学态度。成员应互相协作,各工作内容轮换适当,体现团队精神。

(4) 实训应在规定时间和地点进行,不得无故缺席、迟到或早退,不得擅自改变实训地点或离开实训场地。

(5) 测量数据应工整记入规定的记录手簿中。记录数据应随观测随记录,并向观测者复诵数据,避免记错。

(6) 测量数据不得涂改和伪造。记录数据时若发现错误或观测结果不合格,不得涂改,也不得用橡皮擦拭,应用细横线划去错误数字,在原数字上方写出正确数字,并在备注栏内注明原因。测量记录禁止连续更正数据，出现连续错误情况，应予以重测。

(7) 手簿记录内容应完整、真实，草图绘制应形象清楚、比例适当。对数据运算小数应按照相应要求进行取舍。

(8) 实训中注意安全，随时注意来往的行人与车辆，确保人身及仪器和设备安全，杜绝意外事故发生。

(9) 应在观测现场进行必要的结果计算，并进行成果检验。应现场编制的实训报告必须现场完成。

(10) 实训中如发生仪器或设备损坏或丢失，应及时报告指导教师，及时查明原因，按规定予以处理。

(11) 实训结束后，应向指导教师提交书写工整、规范的实验报告，经指导教师认可后方可清点仪器和工具，进行必要的清洁工作，将仪器、工具交还仪器室，经验收合格后，结束实训。

1.1.2 测量仪器和工具的操作规程

结合湖北生态工程职业技术学院园林建工学院工程测量实训室实际条件，为了保证测量实训仪器和设备的正常使用，满足教学、科研需求，特制定本操作规程。

(1) 量距工具的操作规程和注意事项。直接用于量距的工具为 50 m 钢尺、30 m 钢尺、50 m 皮尺。钢尺使用完要及时擦拭，以免生锈及损坏注记。使用时注意不要完全拉出，以免钢尺脱开，造成损坏。

(2) 光学仪器和工具包括光学经纬仪、微倾水准仪、自动安平水准仪、平板仪等。经纬仪、水准仪粗略整平时，脚螺旋运动方向与左手大拇指运动方向一致，脚螺旋不要过高或过低，以免损坏。在使用过程中，一定要保证在松开制动螺旋时转动望远镜、照准部，以免损坏仪器。特别应注意仪器使用及搬运时小心轻放，不能摔坏。

(3) 电子类仪器包括电子经纬仪、全站仪、GPS 接收机、激光垂准仪、激光扫平仪、GIS 数据采集系统等。这类仪器的安置与光学仪器大致相同，要特别注意充电。全站仪、GPS 接收机等贵重设备，要在指导教师的指导下操作使用。

1.1.3 测量仪器和工具的借领与归还规定

1) 借领

(1) 由指导教师或班长带着实训计划和分组表到仪器室以实训小组为单位借用测量仪器和工具，按小组编号在指定地点办理借用手续。

(2) 领取仪器时要按分组表顺序，由仪器室教师给各小组组长发放仪器，收到仪器时小组组长转动检查每个部件的螺旋，并检查仪器的各部件是否完好，然后松开各制动螺旋放回仪器箱，发现问题及时报告仪器室教师。检查完毕后由小组组长签字领取。

(3) 一般由班长发放其他工具，如三脚架、水准尺、标杆等。在发放三脚架时注意检查三脚架的固定螺旋是否能拧紧、是否与仪器配套，在当场清点仪器和工具及其附件齐全后，方可离开仪器室。

(4) 搬运仪器前，必须检查仪器箱是否锁好；搬运时，必须轻取轻放，避免强烈振动和碰撞。

(5) 实训室一切物品未经同意和备案不得带离实训室，对于违者除了要追回物品外，还要对其进行批评教育，丢失要赔偿。

2) 归还

(1) 实训结束，应及时收装仪器、工具，清除接触地面的部件(脚架、尺垫等)上的泥土，送还仪器室检查验收。如有遗失和损坏，应写出书面报告说明情况，进行登记，并按照有关规定赔偿。

(2) 由各组组长归还仪器，由检验教师检验各部件功能完好并点清后方可将仪器交还仪器室，并由小组组长签字，最后全班归还后再由指导教师或班长签字离开。

1.1.4 仪器、工具丢失与损坏赔偿规定

1) 加强仪器和设备管理

为加强全院师生员工爱护学校公共财产的责任心，加强仪器和设备管理，维护仪器和设备的完整、安全和有效使用，避免损坏和丢失，以保证教学、科研的顺利进行，特制定此规定。

(1) 使用、保管单位和全院师生员工应自觉遵守学院有关规章制度，遵守仪器和设备安全操作规程，做好经常性的检查维护工作，严格落实岗位责任制。

(2) 仪器或设备发生损坏或丢失时，应主动保护现场，报告单位领导、保卫处；要迅速查明原因，明确职责，提出处理意见，按管理权限报请审批。

2) 责任事故分类

由下列原因造成仪器或设备的损坏或丢失，均属责任事故。

(1) 不遵守规章制度，违反操作规程的。

(2) 未经批准擅自动用、拆卸造成损坏的。

(3) 领取仪器后操作时不负责任，离开仪器造成仪器损坏及严重失职的。

(4) 因主观原因不按照操作规程操作造成仪器部件损坏或严重损失的。

3) 计算损失价值

凡属责任事故，均应赔偿经济损失。损失价值的计算方法如下。

(1) 损坏部分零部件，按修理价格赔偿。

(2) 修复后质量、性能下降，按质量情况计算损失价值。

(3) 摔坏仪器部分零件，按修理价格赔偿，并按折旧价计算赔偿价值。

(4) 丢失、严重摔坏仪器，照价赔偿。

4) 赔偿经济损失

(1) 根据情节轻重、责任大小、损失程度酌情确定，并可给予一定的处分。责任事故的处理应体现"教育与惩罚相结合，以教育为主"的原则。

(2) 事故赔偿费由学校财务处统一收回，按规定使用。

5) 注意事项

测量仪器属于比较贵重的设备，尤其是目前测量仪器正在向精密光学、电子化方向发

展，测量仪器的功能日益先进，价格也更加昂贵。对测量仪器的正确使用、精心爱护和科学保养，是从事测量工作的人员必须具备的素质和应该掌握的技能，也是保证测量成果的质量、提高工作效率、发挥测量仪器的性能和延长测量仪器使用寿命的必要条件。

(1) 携带仪器时，注意检查仪器箱是否扣紧、锁好，提环、背带是否牢固；远距离携带仪器时，应将仪器背在肩上。

(2) 开箱时，应将仪器箱放置平稳，记清仪器在箱内的安放位置及姿态，以便用后按原样装箱。提取仪器或持仪器时，应双手持握仪器基座或支架部分，严禁手提望远镜及易损的薄弱部位。安装仪器时，应首先调节好三脚架的高度，拧紧架腿伸缩锁定螺丝；应保持一手握住仪器，一手拧连接螺旋，使仪器与三脚架牢固连接。仪器取出后，应关好仪器箱，仪器箱严禁坐人。

(3) 作业时，严禁无人看管仪器。观测时应撑伞，严防仪器被日晒、雨淋。对于电子测量仪器，在任何情况下均应撑伞防护。若发现透镜表面有灰尘或其他污物，应用柔软的清洁刷或镜头纸清除，严禁用手帕、粗布或纸张擦拭，以免磨损镜面。观测结束后，应及时套上物镜盖。

(4) 各个制动螺旋勿拧过紧，以免损伤；转动仪器时，应先松开制动螺旋，然后平稳转动；脚螺旋和各微动旋钮勿旋至尽头，即应使用中间的一段螺纹，防止失灵。仪器发生故障时，不得擅自拆卸；若发现仪器某部位涩滞难动，切勿强行转动，应交给指导教师或实验管理人员处理，以防损坏仪器。

(5) 仪器的搬迁。近距离搬站，应先检查连接螺旋是否牢靠，放松制动螺旋，收拢脚架，一手握住脚架放在肋下，一手托住仪器放置胸前小心搬移，严禁将仪器扛在肩上，以免碰伤仪器。若距离较远或地段难行，必须装箱搬站。对于电子经纬仪、全站仪，必须先关闭电源，再搬站，严禁带点搬站。迁站时，应带走仪器所有附件及工具等，防止遗失。

(6) 仪器的装箱。实验结束后，仪器使用完毕，应清除仪器上的灰尘，套上物镜盖，松开各制动螺旋，将脚螺旋调至中段，并使它们大致同高，一手握住仪器支架或基座，一手松连接螺旋使其与三脚架脱离，双手从三脚架架头上取下仪器。将仪器装箱时，应放松各制动螺旋，按原样将仪器放回；确认各部分安放妥帖后，再关箱，扣上搭扣或插销，上锁。最后清除箱外的灰尘和三脚架上的泥土。

(7) 测量工具的使用。实验时测量工具的使用方法如下。

① 使用钢尺时，应使尺面平铺于地面，防止扭曲、打结和折断，防止行人踩踏或车辆碾压，尽量避免尺身沾水。量好一尺段再向前量时，必须将尺身提起离地，携尺前进，不得沿地面拖尺，以免磨损尺面、刻划甚至折断钢尺。钢尺用毕，应将钢尺擦净并涂油防锈。

② 皮尺的使用方法基本上与钢尺的使用方法相同，但量距时使用的拉力应小于钢尺，皮尺沾水的危害更甚于钢尺，如果皮尺受潮，应晾干后再卷入盒内，卷皮尺时切忌扭转卷入。

③ 使用水准尺和标杆时，应注意防止受横向压力、竖立时倒下、尺面分划受磨损。标尺、标杆不得用做担抬工具，以防弯曲变形和折断。

④ 小件工具(如垂球、测钎、尺垫等)用完即收，防止遗失。

⑤ 所有测量仪器和工具不得用于其他非测量的用途。测量仪器大多属于精密仪器，谨防倒置、碰撞、振动，切记要轻拿轻放，谨防失手落地。

任务1.2 建筑工程测量的主要任务、基本原则和程序

1.2.1 建筑工程测量的主要任务

建筑工程测量是测量学的一个组成部分，是研究建筑工程在勘测设计、施工和运营管理阶段所进行的各种测量工作的理论、技术和方法的学科。它的主要任务如下。

(1) 测绘大比例地形图。把将要进行工程建设的地区的各种地物（如房屋、道路、铁路、森林植被与河流等）和地貌（地面的高低起伏，如高山、盆地、丘陵与平原等）通过外业实际观测和内业数据计算整理，按一定的比例尺绘制成各种地形图、断面图，或用数字表示出来，为工程建设的各个阶段提供必要的图纸和数据资料。

(2) 建筑物或构筑物的施工放样。将图纸上设计好的建筑物或构筑物，按照设计和施工的具体要求在实地标定出来，作为施工的依据。另外，在建筑物施工和设备的安装过程中，也要进行各种测量工作，以配合和指导施工和安装，确保施工和安装的质量。

(3) 绘制竣工总平面图。为了检查工程施工、定位质量等，在工程竣工后，必须对建（构）筑物、各种生产生活管道等设施，特别是对隐蔽工程的平面位置和高程位置进行竣工测量，绘制竣工总平面图，为建（构）筑物交付使用前的验收以及以后的改建、扩建和使用中的检修提供必要的资料。

(4) 观测建筑物的变形。在建筑物施工和使用阶段，为了监测其基础和结构的安全稳定状况，了解设计、施工是否合理，必须定期对其位移、沉降、倾斜以及摆动进行观测，为工程质量的鉴定、工程结构和地基基础的研究以及建筑物的安全保护等提供资料。

测量工作贯穿工程建设的整个过程，测量工作的质量直接关系到工程建设的质量，所以，每位从事工程建设的人员必须掌握必要的测量知识和技能。通过对“建筑工程测量”的学习，学生应掌握测量基本理论和技术原理，熟练操作常规测量仪器，能正确应用工程测量基本理论和方法，并独立完成测量工作相关任务。

1.2.2 建筑工程测量的基本原则和程序

建筑工程测量工作的基本原则和程序如下。

(1) 从整体到局部，先控制后碎部。在进行测量工作时，为了避免测量误差积累，应先在测区内选择若干点，通过精密测量和精确计算，计算出各点的坐标和高程，这种工作称为控制测量。然后利用这些控制点进行测定或测设，以保证测量数据和测量成果具有较高的精度。

(2) 边工作边校核。测量学中，通常将现场测量、收集数据的作业过程称为测量外业，因为这部分工作大多是在室外完成的；而将整理数据和计算成果的工作称为测量内业。在测量工作中只有外业和内业相结合，才能很好地完成测量任务。测量工作是严谨的科学工

作，必须认真对待。对每一个观测数据，都要在现场认真检查，仔细核对，如果观测数据有误或超过限差要求，必须立即重测，直到符合精度要求为止。观测完成后，应重新设站观测或采用其他方法，进行比对校核。

任务1.3 进行建筑施工测量的准备工作

1.3.1 熟悉图纸

设计图纸是施工测量的依据，在测设前，应熟悉建筑物的设计图纸，了解施工的建筑物与相邻地物的关系，以及建筑物的尺寸和施工的要求等。测设时有关的图纸资料主要有以下几种。

1. 建筑总平面图

建筑总平面图是施工测设的总体依据，主要反映建筑物所在的位置、与相邻地物的关系、控制点的分布等，建筑物就是根据建筑总平面图上所给的尺寸关系进行定位的。建筑总平面图示例如图1-1所示。

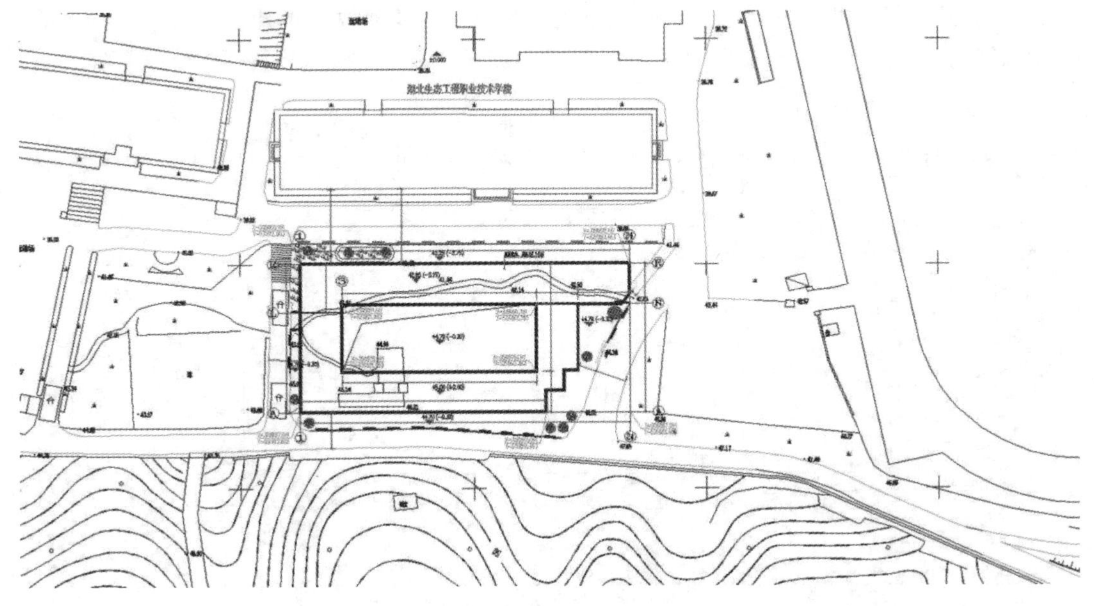

图1-1 建筑总平面图示例

2. 建筑平面图

建筑平面图主要反映房屋的结构、平面形状、大小和空间分布，承重结构的位置、厚度、形状和材料，门窗的位置、开启方向等，图中可以查取建筑物各部分尺寸和各轴线之间的尺寸关系，是建筑施工测量的基本资料和重要依据。建筑平面图示例如图 1-2 所示。

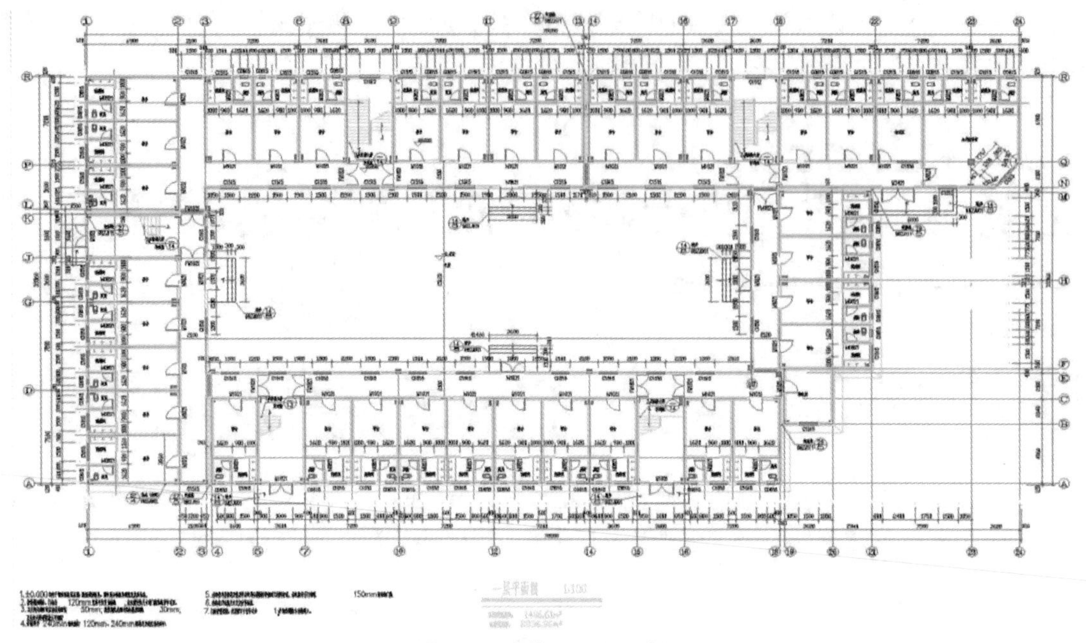

图 1-2　建筑平面图示例

3. 基础平面图

基础平面图是指相对标高±0.000 以下的结构图，是基础放线的重要依据，主要表示建筑物的基础墙、垫层等，并给出它们的尺寸关系和编号。基础平面图示例如图 1-3 所示。

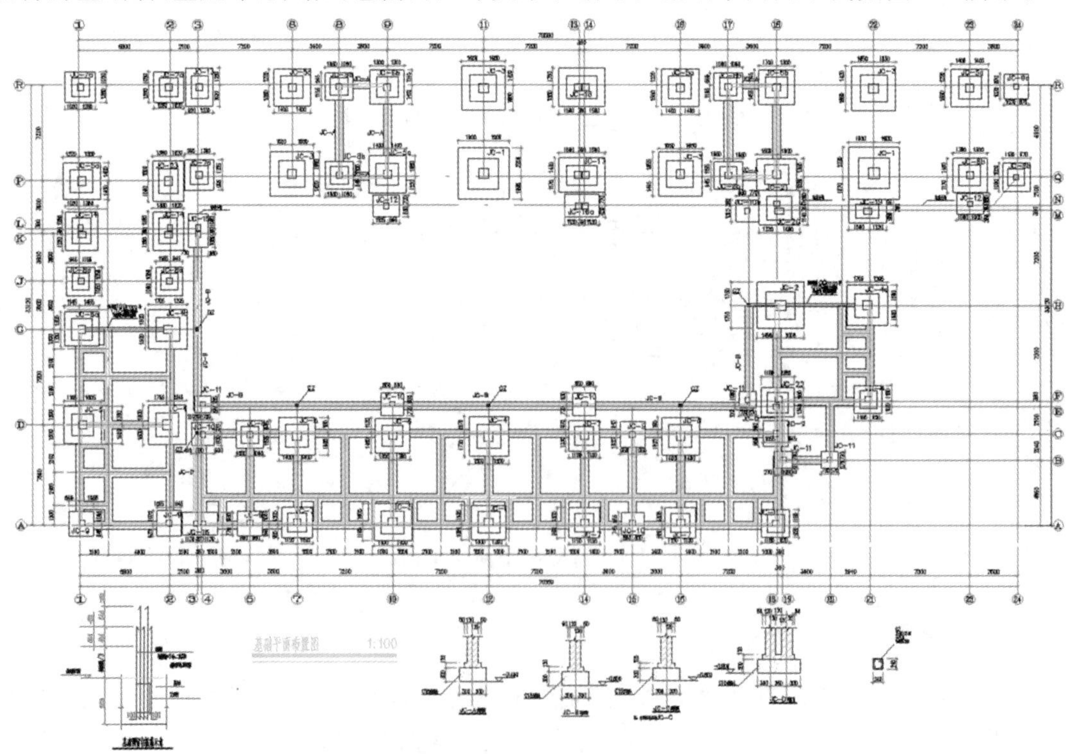

图 1-3　基础平面图示例

4. 基础详图

基础详图即基础大样图，用以全面反映基础的尺寸、构造、材料、埋设深度及内部配筋的情况，从图中可以查取基础立面图尺寸、设计标高、基础设计宽度和形式及基础边线与轴线的尺寸关系，它是基础放样的重要依据。基础详图示例如图 1-4 所示。

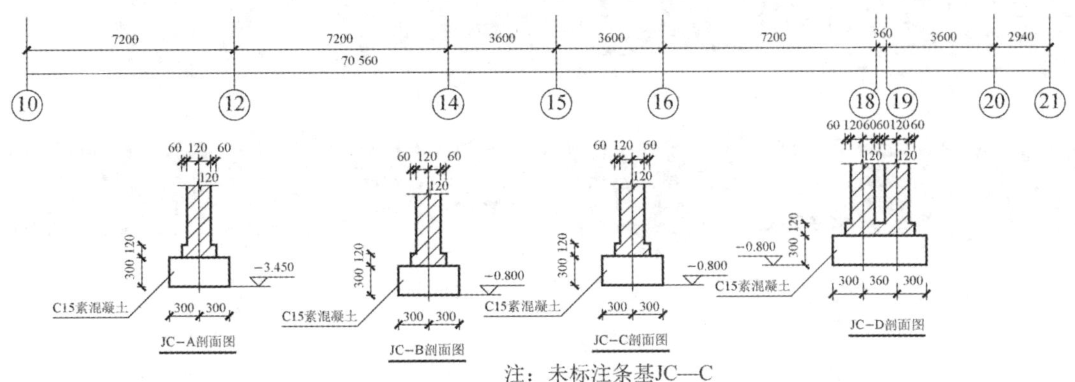

图 1-4　基础详图示例

此外，还有立面图和剖面图，它们给出基础、地坪、门窗、楼板、屋架和屋面等的设计高程，是高程测设的主要依据。

1.3.2　现场踏勘路勘

现场踏勘路勘时应了解施工现场的地形情况，查看周围的环境及施工场地外的地形，了解现场勘察与施工测量有关的问题，如施工进度和施工安排、场地平整情况等，以便于施工测量的顺利开展。

1.3.3　制定测设方案

根据设计图纸、设计要求、现场条件、施工方案及工程进展情况、控制点的分布等因素，因地制宜制定合理的测设方案。

1.3.4　计算测设数据

根据建筑总平面图和基础平面图，对图纸设计数据进行严格检核，计算相应的测设数据。可以绘制测设略图，将测设数据标注在测设略图上，以更加方便、准确地完成测设任务。

项目 2

建筑施工场地平面控制测量

在勘测设计阶段布设的控制网主要为测图服务，控制点的点位是根据地形条件确定的，并未考虑待建建筑物的总体布置和工程建设的性质，因而在点位的分布、密度和精度等方面都不能满足放样的要求。为了满足施工放样测量对控制点的要求，必须建立施工控制网。施工控制网分为平面控制网和高程控制网两种，前者常采用三角网、导线网、建筑基线和建筑方格网等，后者常采用水准网。本项目主要介绍在施工场地的平面控制测量中建筑基线和建筑方格网的设计与测设方法。

任务2.1 布设及测设建筑基线

建筑基线是建筑场地施工控制的基准线。施工场地范围不大时，在场地中央测设一条或几条互相垂直的轴线，作为施工场地控制和建筑物定位的依据，这种基线称为建筑基线。

2.1.1 建筑基线的布设

建筑基线是根据设计建筑物的分布、场地的地形和原有控制点的情况而定的。

根据建筑总平面图的施工坐标系及建筑物的分布情况，建筑基线可以在总平面图上设计成三点"一"字形、三点"L"字形、四点"T"字形及五点"十"字形等形式，如图 2-1 所示。建筑基线的形式灵活多样，能适用于各种地形条件。

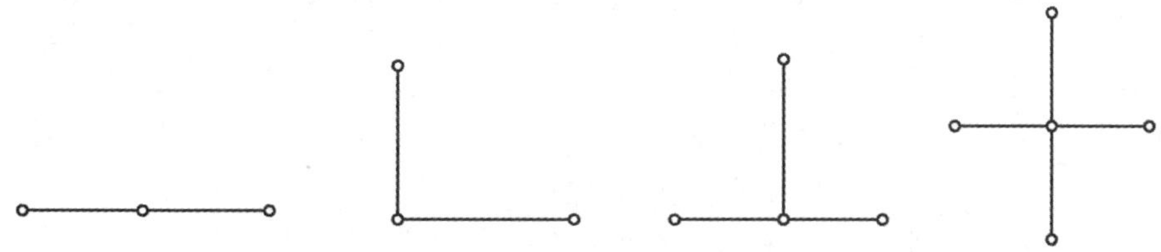

图 2-1 建筑基线的基本形式

设计建筑基线时应该注意以下几点。

(1) 建筑基线应平行或垂直于主要建筑物的轴线。

(2) 建筑基线主点间应相互通视，边长为 100～400 m。

(3) 在不受挖土损坏的情况下，建筑基线主点应尽量靠近主要建筑物，且建筑基线平行于主体建筑的主轴线。

(4) 建筑基线的测设精度应满足施工放样的要求。

(5) 建筑基线点应不少于三个，以便检测建筑基线点有无变动。

此外，建筑基线应尽可能与施工场地的建筑红线相联系。在城市建筑工地，当场地面积较小时，也可直接用建筑红线控制现场。建筑基线点位应选在通视良好和不易被破坏的地方，且为了能长期保存，要埋设永久性的混凝土桩。

2.1.2 建筑基线的测设

1. 根据建筑红线测设建筑基线

在城市建筑区，由城市规划部门在现场直接标定的建筑用地的边界线，称为建筑红线。根据建筑红线测设建筑基线如图 2-2 所示。AB、AC 是建筑红线，从 A 点沿 AB 方向测量

d_1 定出 P 点，沿 AC 方向测量 d_2 定出 Q 点。通过 B 点沿 AC 方向作建筑红线 AB 的垂线，并量取距离 d_2 得到 b 点，做出标志；通过 C 点沿 AB 方向作建筑红线 AC 的垂线，并量取距离 d_1 得到 c 点；可分别安置经纬仪于 P、Q 两点，分别照准 c、b 点，交会出 a 点，则 a、b、c 点即为建筑基线点，并构成了 L 字形建筑基线。将经纬仪安置在 a 点，检测 $\angle bac$ 是否为直角，误差值应不超过 $\pm 20''$，否则需重新测设。如果建筑物轴线与建筑基线距离较近，则可将建筑红线用作建筑基线。

2. 根据附近已有控制点测设建筑基线

根据控制网点的分布情况，可用极坐标法等方法测设建筑基线，如图 2-3 所示。

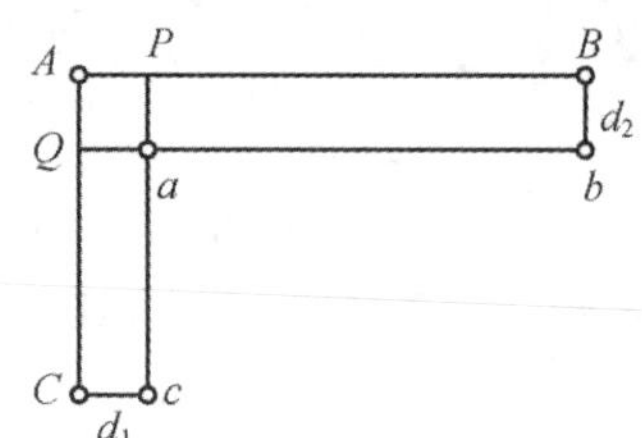

图 2-2　根据建设红线测设建筑基线

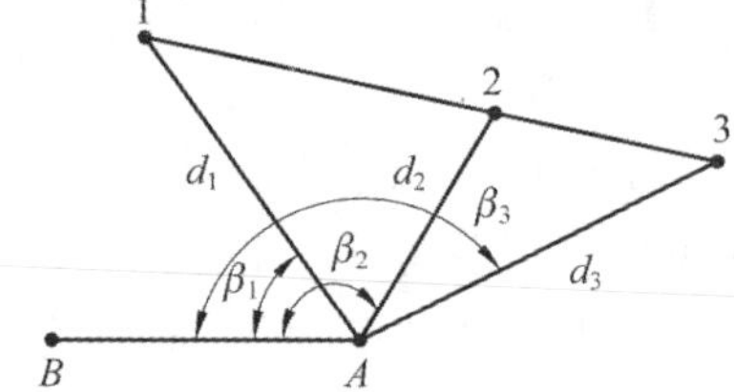

图 2-3　根据附近已有控制点测设建筑基线

用极坐标法测设建筑基线的步骤如下。

(1) 计算测设数据。根据建筑基线主点 A、B 及已知控制点 1、2、3 的坐标，反算测设所需数据，并计算出边长 d_1、d_2、d_3 及水平角 β_1、β_2、β_3。

(2) 测设主点。分别在控制点 1、2、3 上安置经纬仪，按极坐标法测设出 A、B 两个建筑基线主点的定位点，并用木桩标定，复核夹角与计算角是否符合。由于在观测和定点过程中有可能出现误差，所以测设完毕后需要进行检测和调整。

(3) 检查 A、B 间的距离，若检查结果与设计长度之差的误差超限，按设计长度调整 A、B 两点，最后确定 A、B 两点的精确位置。

除以上两种测设建筑基线的方法以外，视建筑施工场地已有控制点和建筑基线点的布设情况，还可以利用直线延长线、直线平移等方法进行建筑基线测设。

任务 2.2　使用经纬仪

2.2.1　水平角的概念和测量原理

1. 水平角的概念

水平角是地面上一点到两目标的方向线垂直投影在水平面上的夹角，用 β 来表示，角值范围为 0°～360°。如图 2-4 所示，A、O、B 是地面上任意三个点，OA 和 OB 两条方向线所夹的水平角β，就是通过OA和OB沿两个竖直面投影在水平面P上的两条水平线$O'A'$和$O'B'$的夹角$\angle A'O'B'$。

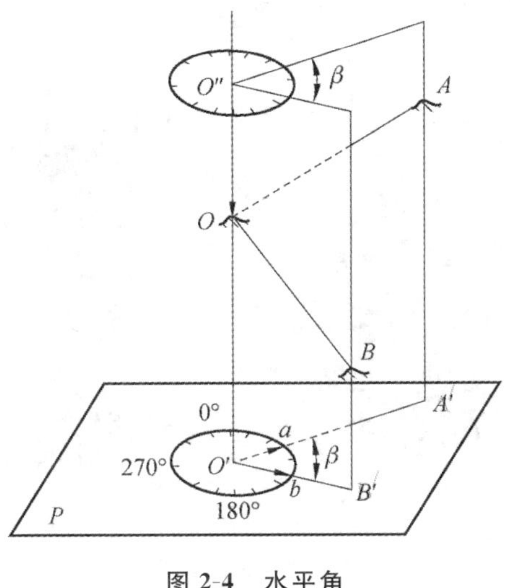

图 2-4 水平角

2. 水平角测量原理

如图 2-4 所示，为了获得水平角β的值，在水平面P上可以放置一个沿顺时针方向刻划的圆形度盘(即水平度盘，作用相当于量角器)，将该水平度盘的中心置于O'点上，那么$O'A'$和$O'B'$在水平度盘上总有相应读数a和b，于是得水平角为

$$\beta = 右目标读数 - 左目标读数 = b - a \tag{2-1}$$

显然，只要此水平度盘保持水平放置且中心在由O点所决定的铅垂线上，将此水平度盘置于任何位置均可。

根据以上原理，经纬仪必须具备一个水平度盘及用于照准目标的望远镜。测水平角时，要求水平度盘能放置水平，且水平度盘的中心位于水平角顶点的铅垂线上；望远镜不仅可以水平转动，而且能俯仰转动，以便瞄准不同方向和不同高度的目标，同时保证俯仰转动时望远镜视准轴扫过一个竖直面。这就是用经纬仪测量水平角的原理。

2.2.2 光学经纬仪

经纬仪有不同的种类和型号。按读数设备的不同，经纬仪可分为游标经纬仪、光学经纬仪和电子经纬仪三种，其中游标经纬仪已被淘汰，目前使用的主要是光学经纬仪和电子经纬仪。

经纬仪按精度不同可分为DJ_{07}、DJ_1、DJ_2、DJ_6和DJ_{15}等型号。其中："D""J"分别表示大地测量和经纬仪；下标数字 2、6 等表示仪器的精度等级，即一测回方向观测的中误差，单位为秒。

经纬仪虽然种类多，但测角原理相同，基本结构也大致相同。目前，DJ_6型光学经纬仪在建筑工程测量中最常用，其次是DJ_2型光学经纬仪和电子经纬仪。这里主要介绍DJ_6型光学经纬仪。

1. DJ_6型光学经纬仪的构造

如图 2-5 所示，DJ_6型光学经纬仪主要由照准部、水平度盘和基座三大部分组成。

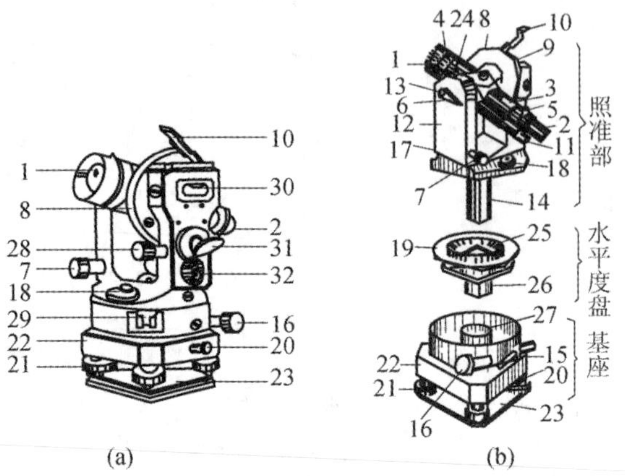

图 2-5　DJ_6型光学经纬仪的构造

1—望远镜物镜；2—望远镜目镜；3—望远镜调焦螺旋；4—准星；5—照门；6—望远镜固定扳手；7—望远镜微动螺旋；8—竖直度盘；9—竖盘指标水准管；10—竖盘指标水准管反光镜；11—读数显微镜目镜；12—U形支架；13—水平轴；14—竖轴；15—照准部制动扳手；16—照准部微动螺旋；17—照准部水准管；18—圆水准器；19—水平度盘；20—轴套固定螺旋；21—脚螺旋；22—基座；23—三角形底板；24—罗盘插座；25—度盘轴套；26—外轴；27—度盘旋转轴套；28—竖盘指标水准管微动螺旋；29—水平度盘变换手轮；30—竖盘指标水准管；31—反光镜；32—测微轮

1）照准部

照准部是指经纬仪水平度盘上能绕竖轴旋转的部分。它主要由望远镜、支架、横轴、竖直度盘、读数设备、照准部水准管和竖轴等组成。

（1）望远镜：固连在横轴上，可绕横轴俯仰转动，从而照准高低不同的目标，并由望远镜制动螺旋和望远镜微动螺旋控制。

（2）横轴：安装在U形支架上，望远镜可绕横轴俯仰转动。

（3）竖直度盘：固定在水平轴的一端，与水平轴垂直，且二者中心重合，并随望远镜一起旋转，同时设有竖盘指标水准管及其微动螺旋，以控制竖盘指标。竖直度盘用于测量竖直角。

（4）读数设备：比较复杂的光学系统。光线由反光镜进入仪器，通过一系列透镜和棱镜，分别把水平度盘和竖直度盘及测微器的分划影像反映在望远镜旁的读数显微镜内，以便读取水平度盘和竖直度盘的读数。图 2-6 所示为 DJ_6型光学经纬仪读数系统的光路图。

（5）照准部水准管：用来精确整平仪器。

（6）竖轴：又称照准部的旋转轴，插入基座上筒状的轴套内，使整个照准部绕竖轴平稳地旋转。

2）水平度盘

水平度盘是由光学玻璃制成的圆盘，刻划为 0°～360°按顺时针方向注记，独立装于竖轴上，套在基座上筒状的轴套内，与竖轴垂直。

照准部与水平度盘的离合关系由水平度盘变换手轮来控制。当转动照准部时，水平度盘不随之转动。若要改变水平度盘的读数，可以转动水平度盘变换手轮，将水平度盘调整到指定的读数位置。

3）基座

基座是用来支承仪器并与三脚架连接的部件，主要包括轴座、轴座固定螺旋、脚螺旋、连接板等。转动脚螺旋，可使圆水准器和照准部水准管的气泡居中。将三脚架架头的连接螺旋旋进连接板，可使仪器与三脚架固连在一起。在连接螺旋下面的正中有一挂钩可悬挂垂球，当垂球的尖端对准地面上欲测角度顶点的标志时，水平度盘的中心即位于该角顶点的铅垂线上。这项工作称为对中。为了提高对中精度和对中时不受风力影响，有的光学经纬仪装有光学对中器，用以代替垂球进行对中。如图 2-7 所示，光学对中器是由目镜、分划板、物镜和转向棱镜组成的小型折式望远镜。它一般装在仪器的基座或照准部上。使用时先将仪器整平，再通过调焦使地面点清晰，并移动基座，使光学对中器中的十字丝或小圆圈中心对准地面标志中心。

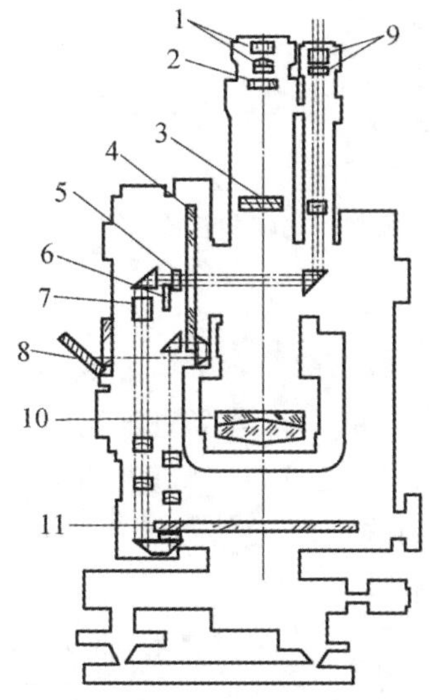

图 2-6　DJ_6型光学经纬仪读数系统的光路图

1—目镜；2—十字丝；3—对光透镜；4—竖直度盘；5—读数指标；6—测微分划尺；7—平板玻璃；8—反光镜；9—读数显微目镜；10—物镜；11—水平度盘

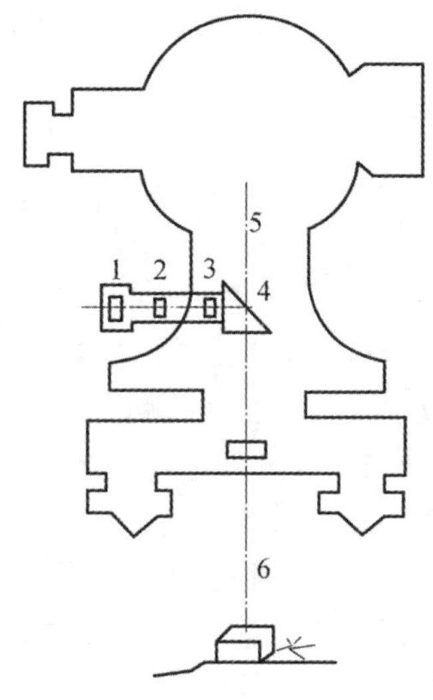

图 2-7　光学对中器的构造

1—目镜；2—分划板；3—物镜；4—转向棱镜；5—竖轴轴线；6—光学垂线

2. DJ_6型光学经纬仪的读数装置和读数方法

光学经纬仪上的水平度盘和竖直度盘都是用光学玻璃制成的圆盘，一般把整个圆周划分为 360°。最小度盘分划值一般为 60′或 30′，即每隔 60′或 30′有一条分划线，每度注记数字。度盘上小于度盘分划值的读数利用测微器读出。常见光学经纬仪的读数方法有分微尺测微器读数方法、单平板玻璃测微器读数方法和度盘对径分划重合读数方法三种。DJ_6型光学经纬仪常用前两种读数方法。

1）分微尺测微器读数方法

装有分微尺测微器的 DJ_6 型光学经纬仪，在读数显微镜内能看到两条带有分划的分微尺以及水平度盘和竖直度盘的分划影像，如图 2-8 所示，根据上下半部刻划可分别读出水平度盘与竖直度盘的读数。两度盘分划值均为 1°，正好等于分微尺全长，显然，分微尺全长读数值也为 1°。分微尺等分成 6 大格，等分线从 0～6 依次注记一个数字，每大格再分为 10 小格。因此，该读数窗读数可精确到 1′，估读到 6″(即 0.1′)。读数时，应先调节读数显微镜调焦螺旋与反光镜，使读数清晰、亮度合适，然后根据在分微尺上重叠的度盘分划线上的注记读出整度数，最后根据该分划线与分微尺上 0 注记之间的刻划读出分数和秒数。在图 2-8 中，水平度盘的读数为 164°06′30″，竖直度盘的读数为 86°51′42″。

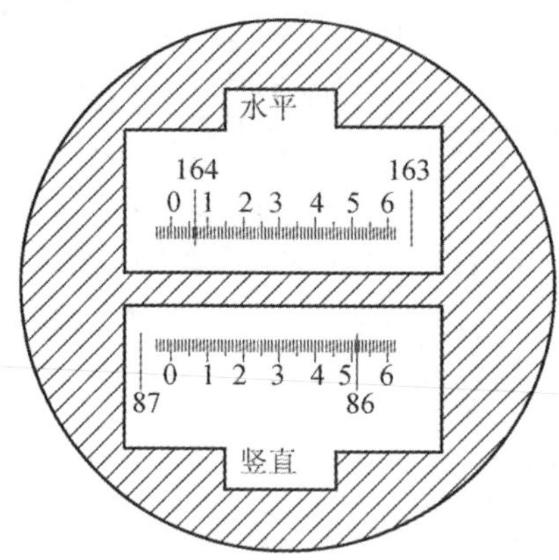

图 2-8　装有分微尺测微器的 DJ_6 型光学经纬仪的读数窗

2) 单平板玻璃测微器读数方法

装有单平板玻璃测微器的 DJ_6 型光学经纬仪的读数窗如图 2-9 所示。该读数窗由三个部分组成，上面小窗口有测微尺分划和较长的单指标线，中间窗口有竖直度盘分划和双指标线，下面窗口有水平度盘分划和双指标线。显然，度盘分划值为 30′，每度指标线上有注记。测微尺全长读数值为 30′，再将其分成 30 大格，大格分划线逢 5 的倍数注一相应数字，每大格又分成三小格，因此，该读数窗读数可精确到 20″，估读到 2″。

单平板玻璃测微器的读数方法是：望远镜瞄准目标后，先转动测微轮，使度盘上某一分划精确移至双指标线的中央，读取该分划的度盘读数，再在测微尺上根据单指标线读取 30′以下的分数、秒数，两数相加，即得完整的度盘读数。在图 2-9(a)中，水平度盘的读数为 5°＋11′54″＝5°11′54″；在图 2-9(b)中，竖直度盘的读数为 92°＋21′54″＝92°21′54″。

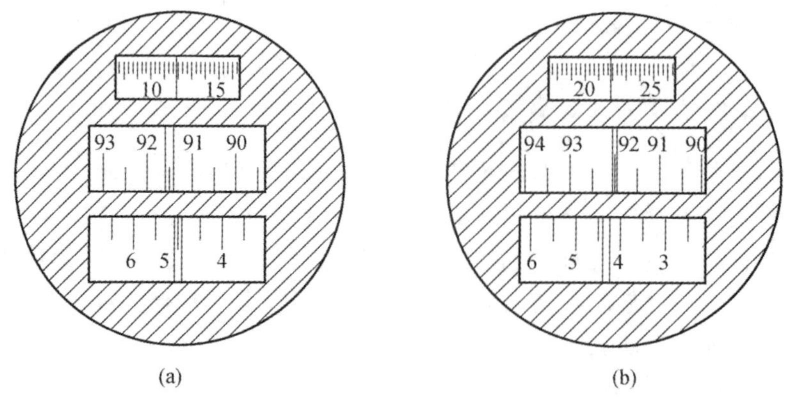

图 2-9　装有单平板玻璃测微器的 DJ_6 型光学经纬仪的读数窗

3. DJ_2型光学经纬仪简介

DJ_2型光学经纬仪精度较高，常用于国家较高等级平面控制测量和精密工程测量中。图 2-10所示是苏州一光仪器有限公司生产的 DJ_2型光学经纬仪。与 DJ_6型光学经纬仪相比，在结构上除 DJ_2型光学经纬仪望远镜的放大倍数较大、照准部水准管的灵敏度较高外，二者的读数装置和读数方法不同。另外，在 DJ_2型光学经纬仪的读数显微镜中，只能看到水平度盘和竖直度盘中的一种影像，要读另一种度盘的读数，就要转动换像手轮，使读数显微镜中出现需要读数的度盘的影像。

在 DJ_2型光学经纬仪中，一般都采用度盘对径分划重合的读数装置和读数方法，读数精度明显提高。现将 DJ_2型光学经纬仪常见的读数形式和方法介绍如下。

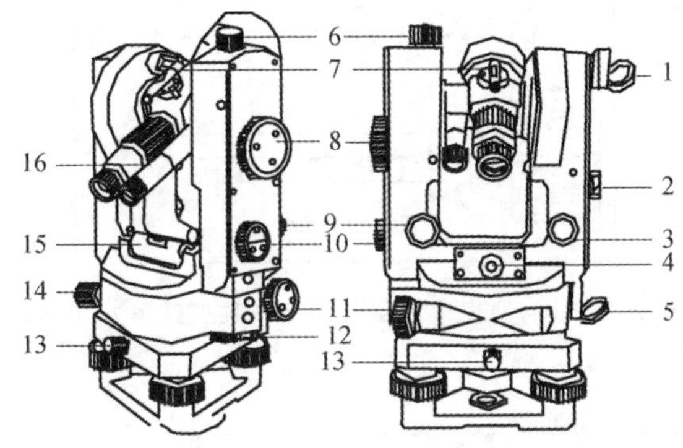

图 2-10　DJ_2型光学经纬仪的构造

1—竖盘指标水准管观察镜；2—测微轮；3—竖盘指标水准管微动螺旋；4—光学对中器；5—水平度盘反光镜；6—望远镜制动螺旋；7—光学瞄准器；8—望远镜微动螺旋；9—换像手轮；10—照准部；11—水平度盘变换手轮；12—竖直度盘反光镜；13—轴座固定螺旋；14—照准部微动螺旋；15—照准部水准管；16—读数显微镜

第一种：如图 2-11 所示，大窗为度盘的影像，仍然是每度做一注记，每度分三格，度盘分划为 20′；小窗为测微尺的影像，左边注记数字从 0 到 10 以 1′为单位，右边注记数字从 0 到 10 以 10″为单位，最小分划为 1″，可估读到 0.1″；当转动测微轮，使测微尺的读数由 0′移动到 10′时，度盘正、倒像的分划线向相反的方向各移动半格(相当于 10′)。

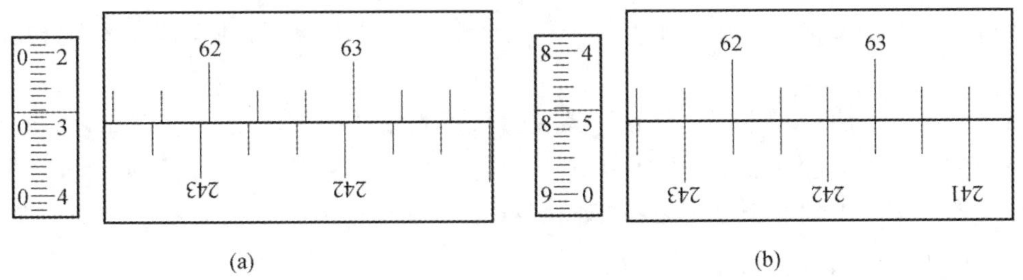

图 2-11　DJ_2型光学经纬仪的一种读数形式和方法

读数时，先转动测微轮，使度盘正、倒像的分划线精确重合，找出邻近的正、倒像相差 180°的分划线，并注意正像应在左侧，倒像在右侧，此时便可读出度盘的度数，即正像分划的数字；再数出正像的分划线与倒像的分划线之间的格数，乘以度盘分划值的一半(因正倒像相对移动)，即 10′，便得出度盘读数的 10′数；最后从左边小窗中的测微尺上读取不足 10′的分数和秒数，其中分数和10″数根据单指标线的位置和注记数字直接读出，估读到0.1″。

在图2-11(a)中，度盘正、倒像的分划线没有精确重合，不能读数，应使用测微轮将其调节成图2-11(b)所示，读数为62°28′48.3″。

第二种：如图2-12所示，读数原理与第一种类似，所不同的是采用了数字化读数。在图2-12中：左下侧小窗为测微窗，读数方法完全同第一种(图中为7′14.9″)；右下侧小窗为度盘对径分划线重合后的影像，没有注记，但在读数时必须转动测微轮，使上下线精确重合才可以读数；上面的小窗左侧的数字为度盘的读数，中间偏下的数字为整10′的注记(图中为75°30′)。所以，图中2-12所示度盘的读数为75°30′+7′14.9″=75°37′14.9″。

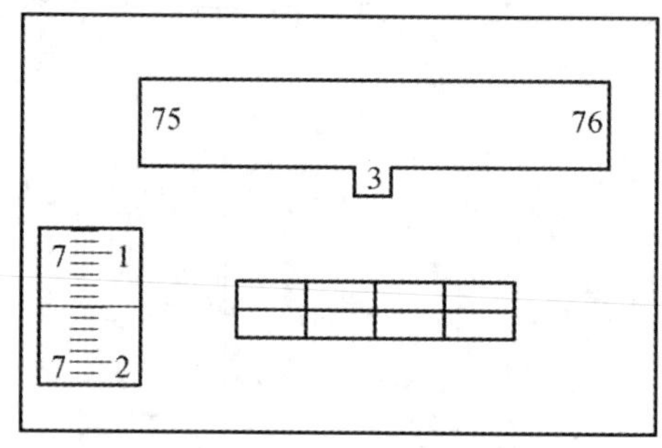

图2-12　DJ_2型光学经纬仪的另一种读数形式和方法

4. 电子经纬仪简介

电子经纬仪是在光学经纬仪的基础上发展起来的新一代测角仪器，它的主要特点如下。

(1) 采用电子测角系统，实现了测角自动化、数字化，能将测量结果自动显示出来，减轻了劳动强度，提高了工作效率。

(2) 可与光电测距仪组合成全站型电子速测仪，配合适当的接口可将观测的数据输入计算机，实现数据处理和绘图自动化。

1) 电子经纬仪的测角原理

电子经纬仪仍然是采用度盘来进行测角的。与光学测角仪器不同的是，电子测角是从度盘上取得电信号，然后将电信号转换成角度，并自动以数字方式输出，显示在显示器上。根据取得信号的方式不同，电子测角可分为光栅度盘测角、编码度盘测角和电栅度盘测角等。

图2-13所示为DJ_2型电子经纬仪。该仪器采用光栅度盘测角，水平度盘、竖直度盘显示读数的分辨力为1″，测角精度可达2″。图2-14所示为DJ_2型电子经纬仪的液晶显示窗和操作键盘。操作键盘上的6个键可发出不同的指令。液晶显示窗中可显示提示内容、竖直角(V)和水平角(H_R)。

2) 电子经纬仪的使用

使用电子经纬仪时，首先要在测站点上安置仪器，在目标点上安置目标，然后调焦与照准目标，最后在操作键盘上按测角键，显示屏上即显示角度值。对中、整平以及调焦与照准目标的操作方法与光学经纬仪一样，操作键盘的操作方法详见使用说明书，在此不再详述。

在DJ_2型电子经纬仪支架上可以加装红外测距仪，与电子手簿相结合，可组成组合式电子速测仪，实现水平角、竖直角、水平距离、斜距、高差、点的坐标值等的测量。

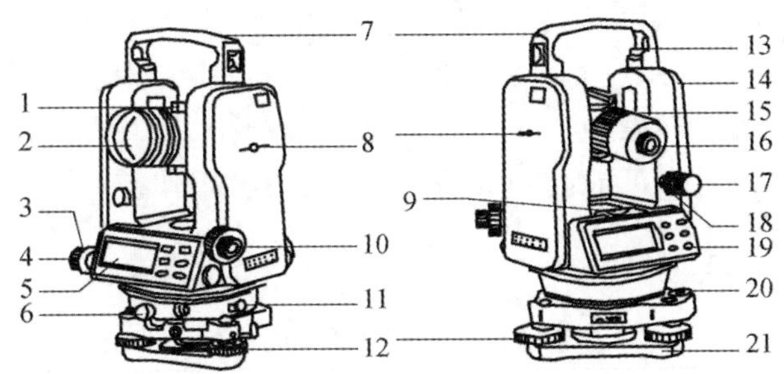

图 2-13　DJ_2 型电子经纬仪的构造

1—粗瞄准器；2—物镜；3—水平微动螺旋；4—水平制动螺旋；5—液晶显示屏；6—基座固定螺旋；7—提手；8—仪器中心标志；9—水准管；10—光学对中器；11—通信接口；12—脚螺旋；13—提手固定螺丝；14—电池；15—望远镜调焦手轮；16—目镜；17—垂直微动手轮；18—垂直制动手轮；19—操作键盘；20—圆水准器；21—底板

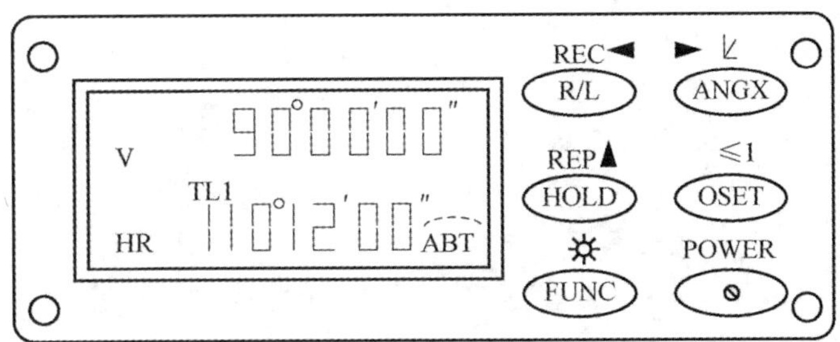

图 2-14　DJ_2 型电子经纬仪的液晶显示窗和操作键盘

2.2.3　经纬仪的使用

经纬仪的使用包括对中、整平、调焦与照准、读数四项基本操作。

1. 对中

对中的目的是使仪器中心与测站点标志中心位于同一铅垂线上。具体操作方法如下。

(1) 先松开三脚架架脚固定螺旋，按观测者身高调整好三脚架的长度，然后将三角架架脚固定螺旋拧紧。

(2) 将三脚架张开，目估使三脚架高度适中、架头水平，且三脚架架头中心与测站点标志中心位于同一铅垂线上。

(3) 挂上垂球初步对中。如果垂球尖与测站点标志中心不在同一铅垂线上且相差太大，则可前后左右摆动三脚架架腿，或整体移动三脚架，使垂球尖大致对准测站点标志，并注意三脚架架头基本保持水平，然后将三脚架的脚尖踩入土中。

(4) 将仪器从仪器箱中取出，用连接螺旋将仪器安装在三脚架上。

(5) 垂球精确对中。若垂球尖偏离测站点标志中心，则可稍旋松连接螺旋，两手扶住仪器基座，在三脚架架头上平移仪器，使垂球尖精确对中测站点标志中心，最后旋紧连接螺旋。对中误差一般不应大于 3 mm，光学对中误差一般不应大于 1 mm。

另外，对中也可用光学对中器进行。由于光学对中器的视线与仪器竖轴重合，因此，只有在仪器整平后视线才处于铅垂位置。对中时，最好也先用垂球尖大致对中，概略整平仪器后取下垂球，再调节光学对中器的目镜和物镜，使分划板小圆圈和测站点标志清晰，并通过平移仪器的办法，使测站点标志中心位于分划板小圆圈中心。由于在平移仪器时整平可能受到影响，在精确整平时对中可能受到影响，因此这两项工作需要反复进行，直到两者都满足要求为止。

2. 整平

整平的目的是使仪器竖轴竖直和水平度盘处于水平位置。

整平时，先转动仪器的照准部，使水准管平行于任意一对脚螺旋的连线，然后用两手同时相对转动两脚螺旋(见图 2-15(a))，直到气泡居中，注意气泡移动方向始终与左手大拇指移动方向一致；再将照准部转动 90°，使水准管垂直于原两脚螺旋的连线，转动另一脚螺旋(见图 2-15(b))，使水准管气泡居中。如此反复进行，直到在这两个方向气泡都居中为止。居中误差一般不得大于一格。

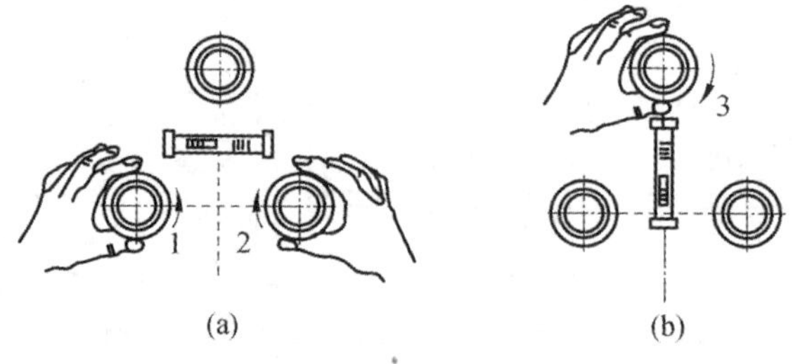

图 2-15　经纬仪的整平

实际工作中，对中和整平应反复多次同时进行，一般经粗略对中(用光学对中器对中)、粗略整平(伸缩三脚架架腿，使圆水准器的气泡居中)、精确对中(旋松连接螺旋，平移仪器，使用光学对中器重新对中)、精确整平(调节脚螺旋，使水准管气泡居中)两次对中、两次整平完成。

3. 调焦与照准

调焦包括目镜调焦和物镜调焦两个部分，照准就是使望远镜十字丝交点精确照准目标。具体操作步骤如下。

(1) 照准前先松开望远镜制动螺旋和照准部制动螺旋，将望远镜朝向明亮背景，调节目镜对光螺旋，使十字丝清晰。

(2) 利用望远镜上的照门和准星粗略照准目标，拧紧照准部制动螺旋和望远镜制动螺旋。

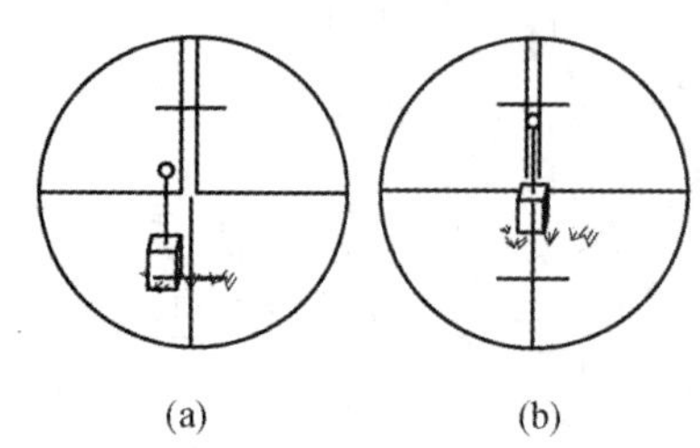

图 2-16　经纬仪的调焦与照准

(3) 调节物镜对光螺旋，使目标清晰，并消除视差。

(4) 转动照准部微动螺旋和望远镜微动螺旋，精确照准目标。

测水平角时，要使十字丝竖丝精确照准目标，并尽量使十字丝交点照准目标底部，如图 2-16(a)所示；测竖直角时，要使十字丝中丝精确照准目标，并尽量用十字丝交点照准目标顶部，如图 2-16(b)所示。

4. 读数

先调节反光镜，使读数系统亮度适中；然后调节读数显微镜目镜调焦螺旋，使度盘、测微尺及指标线的影像清晰；最后根据仪器的读数装置，按前述的读数方法读数。

任务2.3 建筑方格网的设计和测设

为简化计算及方便施测，施工平面控制网多由正方形或矩形网格组成，称为建筑方格网。对于地形较平坦的大型建筑场区，主要建筑物、道路及管线常按互相平行或垂直的关系进行布置，以与建筑总平面图的设计整体保持一致性。利用建筑方格网进行建筑物的定位和放线时，可采用直角坐标法。

2.3.1 建筑方格网的设计

建筑方格网通常是在图纸设计阶段，由专业设计人员或施工测量人员根据建筑总平面图中建筑物的分布情况、施工组织设计，并结合场地地形设计在建筑总平面图上。设计建筑方格网时，应遵循以下原则。

(1) 根据建筑总平面图布设，首先选定建筑方格网的纵、横主轴线，使建筑方格网的主轴线位于建筑场地的中央，并与主要建筑物的轴线平行或垂直，使控制点接近被测设对象。

(2) 根据实际地形布设，使控制点位于通视良好，测角、量距比较方便的地方，并使埋设标桩的高程与场地的设计标高相近。

(3) 当场地面积不大时，尽量布设成全面建筑方格网。若场地面积较大，则可采用首级网为“十”字形、“口”字形或“田”字形的两级布网方案。建筑方格网主轴线的定位点称为主点，一条主轴线至少有三个主点，且其中一个主点必定是纵、横主轴线的交点 O。

(4) 控制点应便于保存，建筑方格网的边长、点的密度根据实际需要而定，建筑方格网中各交角严格成 90°。主点间距离不宜过小，一般为 300～500 m，以保证主轴线的定向精度。

(5) 最好将高程控制点与平面控制点埋设在同一块标石上。

图 2-17 中 MON 和 COD 即为按上述原则布置的建筑方格网主轴线。建筑方格网主轴线拟定好以后，可进行方格网线的布置。方格网线要与相应的主轴线正交，方格网线的交点应能通视；网格的大小视建筑物的平面尺寸和分布而定，正方形网格边长多取 100～200 m，矩形网格边长尽可能取 50 m 或其倍数。

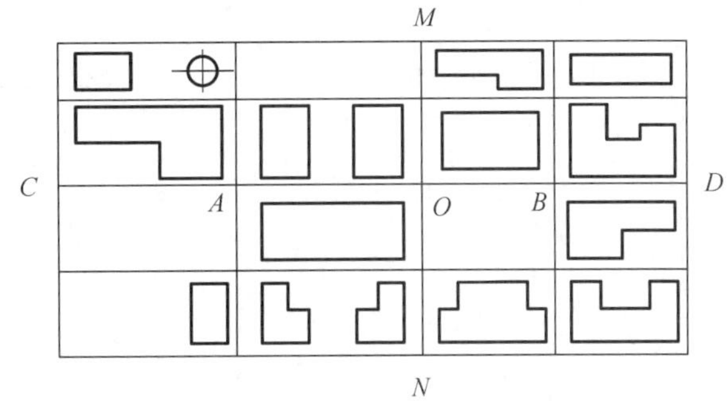

图 2-17 建筑方格网的设计

2.3.2 建筑方格网的测设

1. 主轴线的测设

建筑方格网示例如图 2-18 所示，其中 MON、COD 为建筑方格网的主轴线。主轴线是建筑方格网扩展的基础。测设该建筑方格网时，先测设主轴线 MON，测设方法与建筑基线测设方法相同，但$\angle MON$ 与 180°之差应在$\pm 10''$之内。M、O、N 三个主点测设好后，如图 2-19所示，将经纬仪安置在 O 点，瞄准 M 点，分别向左、向右转 90°，测设另一主轴线 COD，同样用混凝土桩在地上分别定出 C 和 D 的概略位置 C' 和 D'，然后精确测出$\angle MOC'$和$\angle MOD'$，分别算出它们与 90°之差 ε_1 和 ε_2，并计算出调整值 ν_1 和 ν_2，调整值 ν 的计算公式：

$$\nu = L\frac{\varepsilon}{\rho} \tag{2-2}$$

式中：L——OC'或 OD'的长度。

将 C'沿垂直于 OC'方向移动 ν_1 距离，得 C 点；将 D'沿垂直于 OD'方向移动 ν_2，距离得 D 点。点位改正后，应检查两主轴线的交角及主点间的距离，均应在规定限差之内。

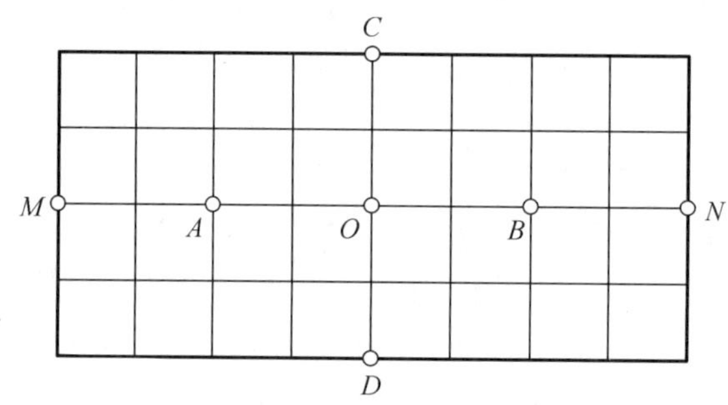

图 2-18 建筑方格网示例

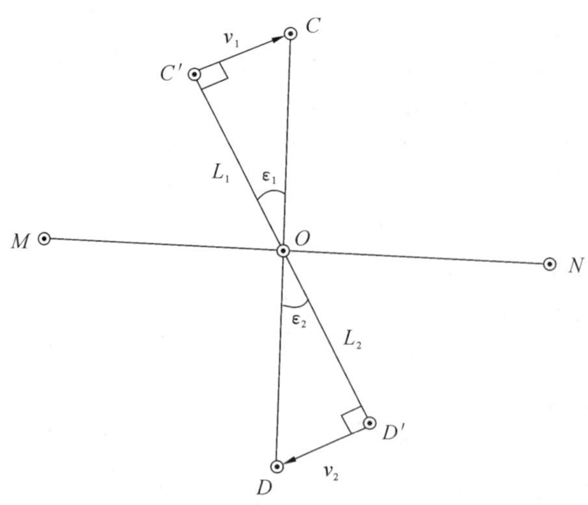

图 2-19 建筑方格网主轴线的测设

2. 方格网点的测设

主轴线测设好后，分别在主轴线端点安置经纬仪，均以 O 点为起始方向，分别向左、向右精密地测设出 90°，这样就形成“田”字形方格网点。为了进行校核，还要在方格网点上安置经纬仪，测量其角是否为 90°，并测量各相邻点间的距离，看其是否与设计边长相等，误差均应在允许范围之内。此后再以基本方格网点为基础，加密建筑方格网。

任务2.4 坐标转换

在建筑总平面图上，建筑物的平面位置是采用施工坐标系的坐标表示的。所谓施工坐标系，就是以建筑物的主要轴线作为坐标轴而建立起来的局部坐标系。施工坐标系的坐标轴通常与建筑物主轴线方向一致，坐标原点设置在建筑总平面图的西南角，纵轴记为 A 轴，横轴记为 B 轴，用 A、B 坐标标定各建筑物的位置。

(1) 技术坐标转换参数。

在图 2-20 中，测量坐标系为 xOy，施工坐标系为 $AO'B$，两者的关系由施工坐标系的原点 O' 的测量坐标(x_O，y_O) 及 $O'A$ 轴的坐标方位角 α 确定，它们是坐标换算的重要参数。这三个参数一般由设计单位给出，若设计单位未给出参数，根据任意给出两个点的施工坐标和测量坐标即可反算出转换参数。例如，设 P_1、P_2 两点在测量坐标系 xOy 中的坐标为(x_1，y_1) 与(x_2，y_2)，在施工坐标系 $AO'B$ 中的设计坐标为(A_1，B_1)与(A_2，B_2)，坐标转换参数 x_O，y_O，α 的推算公式如下：

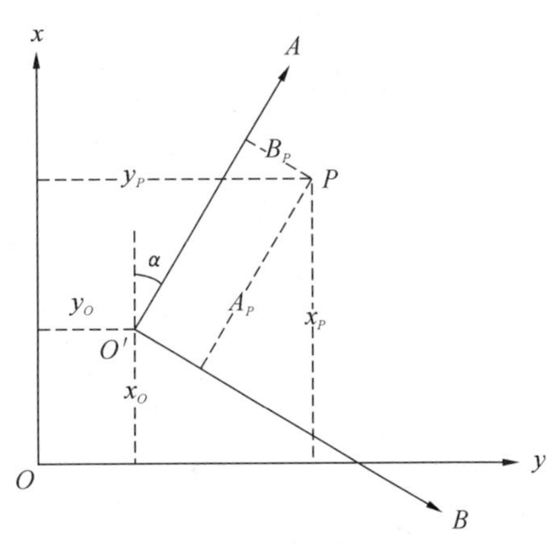

图 2-20 坐标换算图

$$\begin{cases}\alpha = \arctan\dfrac{y_2 - y_1}{x_2 - x_1} - \arctan\dfrac{B_2 - B_1}{A_2 - A_1} \\ x_O = x_2 - A_2 \times \cos\alpha + B_2 \times \sin\alpha \\ y_O = y_2 - A_2 \times \sin\alpha - B_2 \times \cos\alpha\end{cases} \tag{2-3}$$

(2) 施工坐标转换为测量坐标转换公式。

将施工场地中任一点 P 的(A_P，B_P)转换为(x_P，y_P)，公式为

$$\begin{cases}x_P = x_O + A_P\cos\alpha - B_P\sin\alpha \\ y_P = y_O + A_P\sin\alpha + B_P\cos\alpha\end{cases} \tag{2-4}$$

(3) 测量坐标转换为施工坐标转换公式。

将施工场地中任一点 P 的(x_P，y_P) 转换为(A_P，B_P)，公式为

$$\begin{cases}A_P = (x_P - x_O)\cos\alpha + (y_P - y_O)\sin\alpha \\ B_P = (x_P - x_O)\sin\alpha + (y_P - y_O)\cos\alpha\end{cases} \tag{2-5}$$

项目 3

平面控制网的布设

控制测量是精确地测定地面点的空间位置的工作，即首先在测区内选择若干有控制意义的场地埋设地面标志点，这些点被称为控制点，这些控制点按一定的规律和要求组成的网状几何图形，称为控制网。通过外业测量，并根据外业测量数据进行计算来获得控制点的坐标工作，称为控制测量。控制网分为平面控制网、高程控制网和 GPS 控制网。测定控制点平面位置（X，Y）或（L，B）的工作称为平面控制测量。测定控制高程点（H）的工作称为高程控制测量。测定控制点空间位置（X，Y，Z）的工作称为 GPS 控制测量。

任务3.1 认识、操作水准仪

3.1.1 水准测量原理

高程是确定地面点位置的要素之一，在工程建设的设计、施工与管理等阶段都具有十分重要的作用。测定地面点高程的工作称为高程测量。高程测量按所使用的仪器和施测方法不同分为水准测量和三角高程测量等。水准测量是高程测量中较为常用的一种方法。

水准测量不是直接测定地面点的高程，而是测出两点间的高差，即在两个点上分别竖立水准尺，利用水准测量仪器提供的一条水平视线，瞄准并在水准尺上读数，求得两点间的高差，从而由已知点高程推求出未知点高程。

水准测量原理如图 3-1 所示。设已知 A 点的高程为 H_A，用水准测量方法求未知点 B 的高程 H_B。在 A、B 两点中间安置水准仪，并在 A、B 两点上分别竖立水准尺，根据水准仪提供的水平视线，在 A 点的水准尺上读得读数 a，在 B 点的水准尺上读得读数 b，则 A、B 两点间的高差为

$$h_{AB} = a - b \tag{3-1}$$

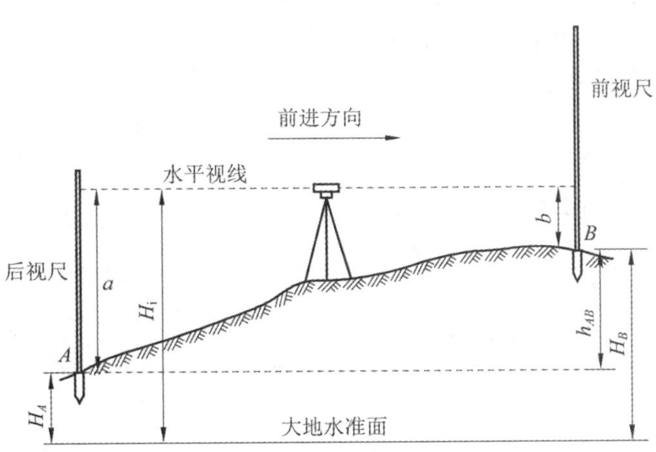

图 3-1 水准测量原理

若水准测量由 A 点向 B 点进行，如图 3-1 中箭头所示，则规定 A 点为后视点，其水准尺读数 a 为后视读数；B 点为前视点，其水准尺读数 b 为前视读数。由此可见，两点之间的高差一定是“后视读数”减“前视读数”。如果 $a>b$，则高差 h_{AB} 为正，表示 B 点比 A 点高；如果 $a<b$，则高差 h_{AB} 为负，表示 B 点比 A 点低。

在计算高差时，一定要注意高差下标的写法，h_{AB} 表示 A 点至 B 点的高差，h_{BA} 表示 B 点至 A 点的高差，两个高差之间的关系应该是绝对值相同而符号相反，即

$$h_{AB} = - h_{BA} \tag{3-2}$$

测得 A、B 两点间的高差 h_{AB} 后，未知点 B 的高程 H_B 为

$$H_B = H_A + h_{AB} = H_A + (a - b) \tag{3-3}$$

由图 3-1 可以看出，B 点的高程也可以通过水准仪的视线高程 H_i（也称为仪器高程）来计算，视线高程 H_i 等于 A 点的高程加 A 点水准尺上的后视读数 a，即

$$H_i = H_A + a \tag{3-4}$$

从而有

$$H_B = (H_A + a) - b = H_i - b \tag{3-5}$$

一般情况下，用式(3-3)计算未知点 B 的高程 H_B，称为高差法。当安置一次水准仪需要同时求出若干个未知点的高程时，用式(3-5)计算较为方便，这种方法称为视线高法，即每一个测站上测定一个视线高程作为该测站的常数，分别减去各待测点上的前视读数，即可求得各待测点的高程。视线高法在建筑工程中得到广泛应用。

3.1.2 水准测量仪器及其操作

水准仪是水准测量的主要仪器。按所能达到的精度，水准仪分为 DS_{05}、DS_1、DS_3、DS_{10} 等 4 种型号。“D”和“S”分别表示中文“大地”和“水准仪”中的“大”字和“水”字汉语拼音的第一个字母，通常在书写时可省略字母“D”；下标“05”“1”“3”“10”表示该类仪器的精度。我国目前常用的 S_{05} 型水准仪和 S_1 型水准仪属于精密水准仪，配有相应的精密水准尺。水准仪上配置光学测微器，可以在水准尺上估读至 0.01 mm。精密水准仪中的水准器有较高的灵敏度，望远镜也有较高的放大倍数。精密水准仪结构稳定，受外界影响小。精密水准尺是在木质或金属尺身槽内张一因瓦合金带，在带上标分划线，数字注在周边木尺或金属上，尺上两排分划彼此错开，分划宽度有 10 mm 和 5 mm 两种。精密水准仪用于国家一等和二等水准测量、大型工程建筑物施工和变形测量以及地下建筑测量、城镇与建(构)筑物沉降观测等。S_3 型水准仪称为普通水准仪，用于国家三等和四等水准测量及普通水准测量。常用水准仪系列型号及其精度如表 3-1 所示。

表 3-1 常用水准仪系列型号及其精度

水准仪系列型号	S_{05}	S_1	S_3
每 1 000 m 往返测高差中数的中误差	≤0.5 mm	≤1 mm	≤3 mm

1. S_3 型水准仪的构造

图 3-2 所示为 S_3 型水准仪，它主要由望远镜、水准器和基座三个部分组成。

仪器的上部有望远镜、水准管、水准管气泡观察窗、圆水准器、目镜对光螺旋、物镜对光螺旋、制动扳手、微动螺旋、微倾螺旋等，通过仪器竖轴与仪器基座相连。望远镜和水准管连成一个整体，转动微倾螺旋可以使水准管连同望远镜一起相对于支架上下微小转动，使水准管气泡居中，从而使望远镜视线精确水平。由于用微倾螺旋使望远镜上、下倾斜有一定的限度，所以可先调整脚螺旋，使圆水准气泡居中，粗略定平仪器。

整个仪器的上部可以绕仪器竖轴在水平方向旋转。制动扳手和微动螺旋用于控制望远镜在水平方向转动。松开制动扳手，望远镜可在水平方向任意转动；只有在扳紧制动扳手

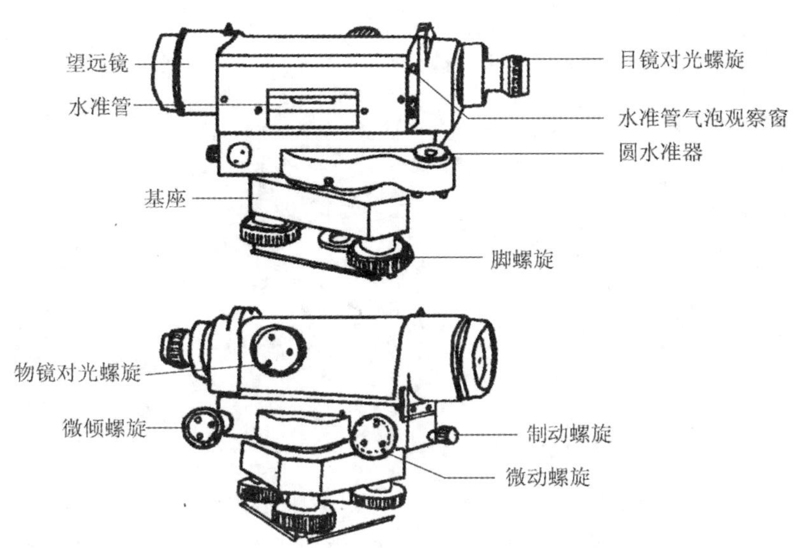

图 3-2　S_3型水准仪的构造

后，微动螺旋才能使望远镜在水平方向上微小转动，以精确瞄准水准尺。

基座的作用是支承仪器的上部，并通过连接螺旋使仪器与三脚架相连。它包括轴套、脚螺旋、三角形底板等，仪器竖轴插入轴套内。

1）望远镜

望远镜是用来精确瞄准远处水准尺和提供视线进行读数的设备。如图 3-3(a)所示，它主要由物镜、目镜、调焦透镜及十字丝分划板等组成。图 3-3(b)所示是从目镜中看到的经过放大后的十字丝分划板上的像。十字丝分划板是用来准确瞄准目标的，中间一根长横丝称为中丝，与之垂直的一根丝称为竖丝，与中丝平行、关于中丝对称的两根短横丝称为上、下丝(又称视距丝)。水准测量时，用中丝在水准尺上进行前、后视读数，用以计算高差；用上、下丝在水准尺上读数，用以计算水准仪至水准尺的距离(视距)。

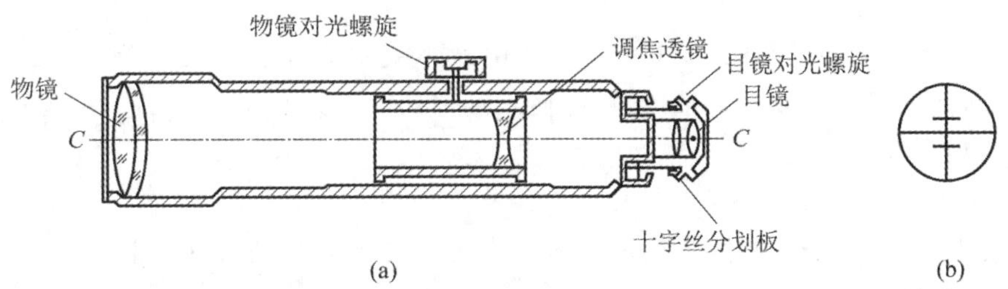

图 3-3　S_3型水准仪中的望远镜

物镜和目镜采用多块透镜组合而成，调焦透镜由单块透镜或多块透镜组合而成。望远镜成像原理如图 3-4 所示。望远镜所瞄准的目标 AB 经过物镜的作用形成一个倒立而缩小的实像 ab。调节物镜对光螺旋即可带动调焦透镜在望远镜筒内前后移动，从而将不同距离的目标清晰地成像在十字丝分划板上。调节目镜对光螺旋可使十字丝清晰，再通过目镜，便可看到同时放大了的十字丝和目标影像 $a'b'$。

通过物镜光心与十字丝交点的连线 CC 称为望远镜视准轴，视准轴的延长线即为视线，视线是瞄准目标的依据。

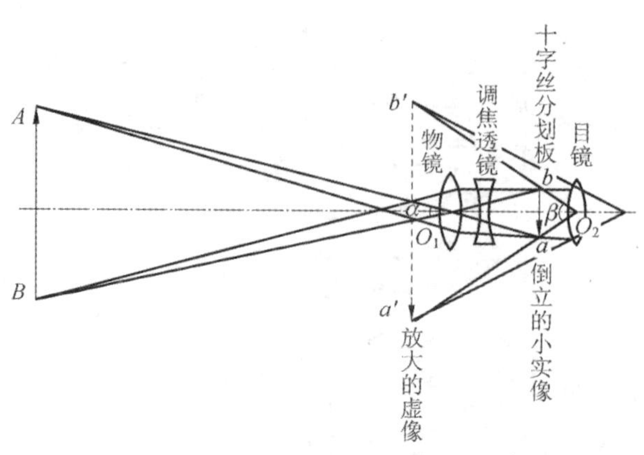

图 3-4　S_3 型水准仪望远镜的成像原理

从望远镜内看到目标影像的视角与观测者直接用眼睛观察该目标的视角之比称为望远镜的放大率(放大倍数)。如图 3-4 所示,从望远镜内所看到的远处物体 AB 的影像 $a'b'$ 的视角为 β,肉眼直接观测原目标 AB 的视角可近似地认为是 α,故放大率为 β/α。S_3 型水准仪望远镜的放大率一般不小于 28 倍。

物镜调焦螺旋调焦不完善,可能使目标形成的实像 ab 与十字丝分划板平面不完全重合,此时当观测者的眼睛在目镜端上、下少量移动时,就会发现目标的实像 ab 与十字丝分划板平面之间有相对的移动,这种现象称为视差。测量作业中不允许存在视差,因为它不利于精确地瞄准目标与读数,所以在观测中必须消除视差。消除视差的方法是:按操作程序依次调焦,先进行目镜调焦,使十字丝十分清晰;再瞄准目标进行物镜调焦,使目标十分清晰,当观测者的眼睛在目镜端上下少量移动时,发现目标与十字丝分划板平面之间没有相对移动,则表示视差不存在,否则应重新进行物镜调焦,直到目标与十字丝分划板平面无相对移动为止。在检查视差是否存在时,观测者的眼睛应处于松弛状态,不宜紧张,且眼睛在目镜端的上下移动量不宜大,仅很少量移动,否则会引起错觉而误认为视差存在。

2）水准器

水准器是水准仪上的重要部件。它是利用液体受重力作用后使气泡居于最高处的特性,指示水准轴位于水平或竖直位置,从而使水准仪获得一条水平视线的一种装置。水准器分圆水准器和水准管两种。

(1）水准管。

水准管由玻璃管制成,它的纵向内壁研磨成具有一定半径的圆弧(圆弧半径一般为 7～20 m),内装酒精和乙醚的混合液,加热密封冷却后形成一小长气泡,因气泡较轻,故处于管内最高处。

水准管圆弧中点 O 称为水准管的零点,通过零点 O 的圆弧切线 LL 称为水准管轴,如图 3-5(a)所示。水准管表面刻有 2 mm 间隔的分划线,并与零点 O 相对称。当气泡的中点与水准管的零点重合时,称为气泡居中,表示水准管轴水平。若保持视准轴与水准管轴平行,则当气泡居中时,视准轴也应位于水平位置。通常根据气泡两端距水准管两端刻划的格数是否相等的方法来判断气泡是否精确居中,如图 3-5(b)所示。

水准管上两相邻分划线间的圆弧(弧长为 2 mm)所对的圆心角,称为水准管分划值 τ(或灵敏度)。它的计算公式为

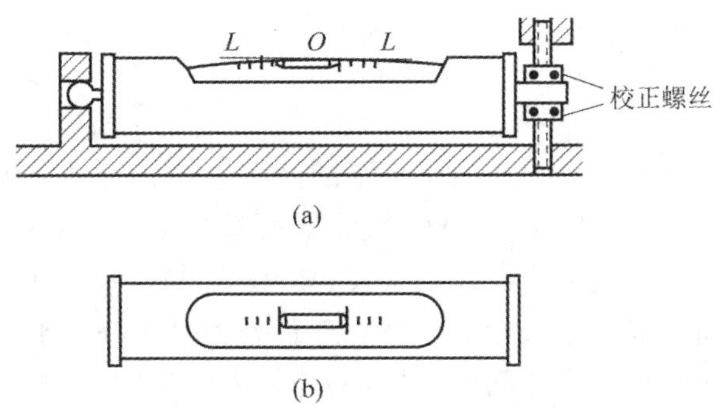

图 3-5 S_3型水准仪的水准管

$$\tau = \frac{2}{R}\rho \tag{3-6}$$

式中：ρ——以秒计的弧度，为 206 265″；

R——水准管圆弧半径，单位为 mm。

式(3-6)说明水准管分划值 τ 与水准管圆弧半径 R 成反比。R 愈大，τ 愈小，水准管灵敏度愈高，定平仪器的精度也愈高；反之，定平精度愈低。S_3 型水准仪水准管的分划值一般为 20″/2 mm，说明气泡移动一格(2 mm)，水准管轴倾斜 20″。

为了提高水准管气泡的居中精度，S_3 型水准仪的水准管上方安装有一组符合棱镜，如图 3-6所示。通过符合棱镜的反射作用，把水准管气泡两端的影像反映在望远镜旁的水准管气泡观察窗内。当气泡两端的两个半像符合成一个圆弧时，就表示水准管气泡居中，如图 3-6(a)所示；若两个半像错开，则表示水准管气泡不居中，如图 3-6(b)所示。此时可转动位于目镜下方的微倾螺旋，使气泡两端的半像严密吻合(即使气泡居中)，达到仪器的精确置平。这种配有符合棱镜的水准器，称为符合水准器。它不仅便于观察，同时可以使气泡的居中精度提高一倍。

(2) 圆水准器。

圆水准器(见图 3-7)用于初步整平仪器。圆水准器顶面的内壁磨成圆球面，顶面中央刻有一个小圆圈，该小圆圈的圆心 O 称为圆水准器的零点，过零点 O 的法线 $L'L'$ 称为圆水准轴。由于它与仪器的旋转轴(竖轴)平行，所以当圆水准气泡居中时，圆水准轴处于竖直(铅垂)位置，表示水准仪的竖轴也大致处于竖直位置了。S_3 型水准仪圆水准器的分划值一般为 8′～10′。由于分划值较大，圆水准器灵敏度较低，只能用于水准仪的粗略整平，为仪器精确置平创造条件。

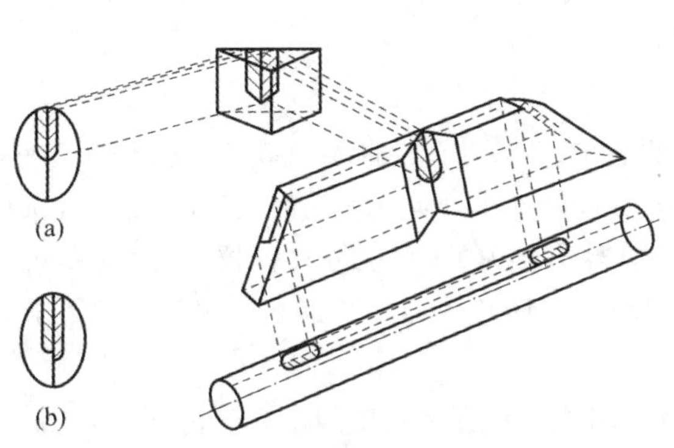

图 3-6 S_3型水准仪的水准管与符合棱镜

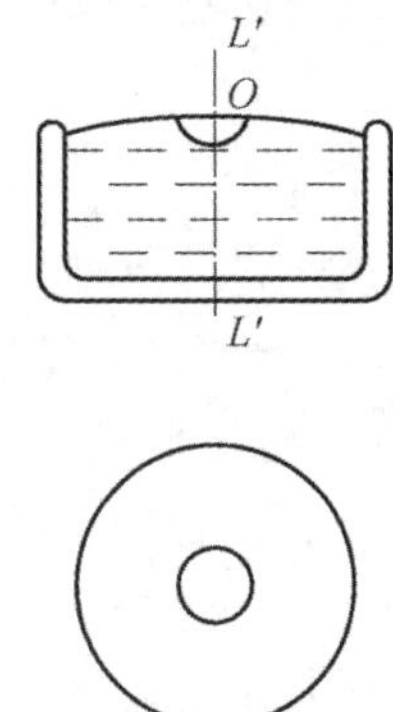

图 3-7 圆水准器

2. 水准尺、尺垫和三脚架

1）水准尺

水准尺是水准测量时使用的标尺，水准尺的质量直接影响水准测量的精度。因此，水准尺用不易变形且干燥的优良木材或玻璃钢制成，要求尺长稳定，刻划准确，长度从 2 m 至5 m 不等。常用的水准尺有直尺（整体尺）和塔尺两种，如图 3-8 所示。直尺又有单面分划尺和双面（红黑面）分划尺之分。水准尺尺面每隔 1 cm 涂有黑白或红白相间的分格，每分米处注有数字，数字一般是倒写的，以便观测时从望远镜中看到的是正像字。

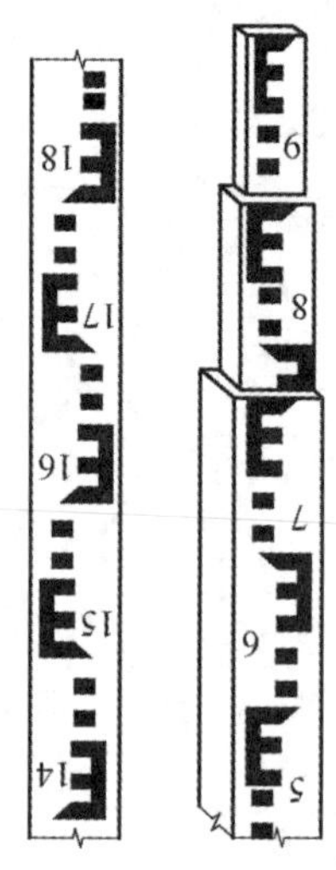

图 3-8　水准尺

双面水准尺的两面均有刻划，一面为黑白分划，称为黑面尺（也称主尺）；另一面为红白分划，称为红面尺。通常用两根尺组成一对进行水准测量。两根尺的黑面尺尺底均从零开始；而红面尺尺底，一根从固定数值 4.687 m 开始，另一根从固定数值 4.787 m 开始，二者的差值称为零点差（或红黑面常数差）。水平视线在同一根水准尺上的黑面与红面的读数之差称为尺底的零点差，可作为水准测量时读数的检核依据。

塔尺由三节小尺套接而成，不用时上两节小尺套在最下一节之内，长度仅2 m，把三节全部拉出长度可达 5 m。塔尺携带方便，但应注意塔尺的连接处，务必使套接准确稳固。塔尺一般用于地形起伏较大、精度要求较低的水准测量。

2）尺垫

如图 3-9 所示，尺垫一般由铸铁制成，下面有三个尖脚，便于使用时将尺垫踩入土中，使之稳固。尺垫上面有一个突起的半球体，水准尺竖立于球顶最高点。在精度要求较高的水准测量中，转点处应放置尺垫，以防止观测过程中水准尺下沉或位置发生变化而影响读数。

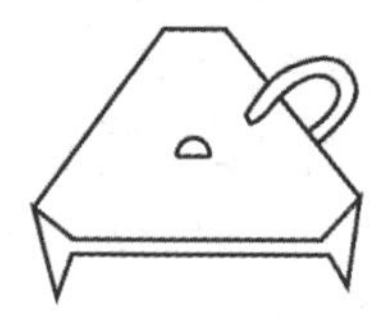

图 3-9　尺垫

3）三脚架

三脚架是水准仪的附件，用以安置水准仪，由木材（或金属）制成。三脚架一般可伸缩，便于携带和调整仪器的高度，使用时用中心连接螺旋与仪器固紧。

3. 水准仪的使用

水准仪的使用包括安置仪器、粗略整平（粗平）、瞄准水准尺、精确整平（精平）和读数等操作步骤。

1）安置仪器

首先，在测站打开三脚架，按观测者的身高调节三脚架的高度。为便于整平仪器，应使三脚架的架头大致水平，并将三脚架的三个脚尖踩实，使三脚架稳定。然后，从仪器箱中取出水准仪，将水准仪平稳地安放在三脚架的架头上，一手握住仪器，一手立即将三脚架连接螺旋旋入仪器基座的中心螺孔内，适度旋紧，防止仪器从三脚架的架头上摔下来。

2）粗略整平

粗略整平即初步地整平仪器，通过调节三个脚螺旋使圆水准气泡居中，从而使仪器的竖轴大致铅垂。具体做法是：如图 3-10(a)所示，外围三个圆圈为脚螺旋，中间为圆水准器，虚线圆圈代表圆水准气泡所在位置。首先用双手按箭头所指方向转动脚螺旋 1、2，使圆水准气泡移到这两个脚螺旋连线方向的中间，然后按图 3-10(b)中箭头所指方向用左手转动脚螺旋 3，使圆水准气泡居中(即位于小黑圆圈中央)。在整平的过程中，圆水准气泡移动的方向与左手大拇指转动脚螺旋时的移动方向一致。

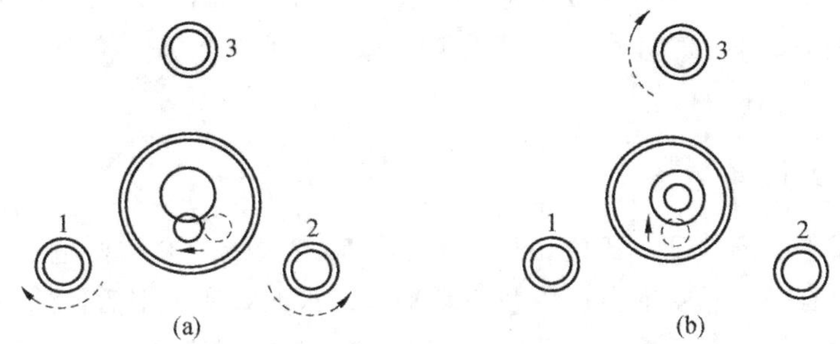

图 3-10 水准仪粗略整平

3) 瞄准水准尺

首先，将望远镜对着明亮的背景(如天空或白色的明亮物体)，转动目镜对光螺旋，使望远镜内的十字丝十分清晰(此后瞄准目标时一般不需要再调节目镜对光螺旋)。然后，松开制动扳手，转动望远镜，用望远镜筒上方的缺口和准星瞄准水准尺，大致进行物镜对光，直至在望远镜内看到水准尺像。此时立即制紧制动扳手，转动水平微动螺旋，使十字丝的竖丝对准水准尺或靠近水准尺的一侧，如图 3-11 所示，可检查水准尺在左右方向是否倾斜。最后，转动物镜对光螺旋进行仔细对光，使水准尺的分划像十分清晰，并注意消除视差。

4) 精确整平

转动位于目镜下方的微倾螺旋，在水准管气泡观察窗内看到符合水准气泡严密吻合(居中)，如图 3-12 所示。此时视线即为水平视线。由于粗略整平不很完善(因圆水准器灵敏度较低)，故在瞄准某一目标精平后，当仪器转到另一目标时，符合水准气泡将会有微小的偏离(不吻合)。因此，在水准测量中，务必记住每次瞄准水准尺进行读数时，都应先转动微倾螺旋，使符合水准气泡严密吻合后，再在水准尺上读数。

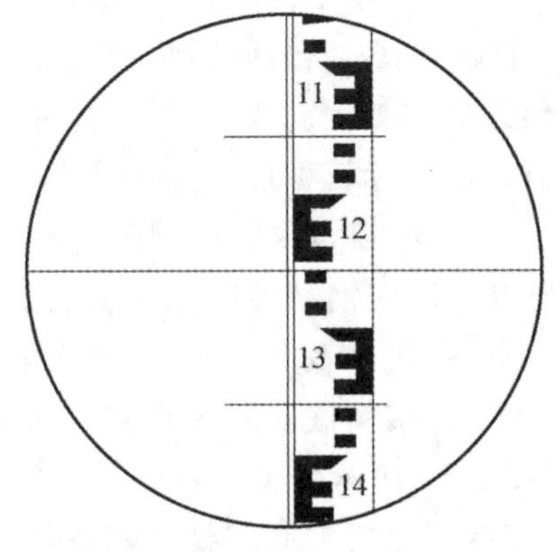

图 3-11 瞄准水准尺与读数

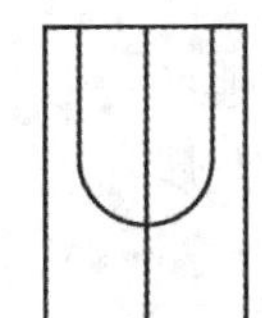

图 3-12 水准气泡的符合

5) 读数

仪器精平后，应立即用十字丝的中丝在水准尺上读数。根据望远镜成像原理，观测者从望远镜里看到的水准尺影像是倒立的(大多数仪器如此),为了便于读数,一般将水准尺上的注字倒写,这样在望远镜里能看到正写的注字。读数时应从上往下读,即从小数向大数读。观测者应先估读水准尺上的毫米数(小于一格的估值),然后读出米、分米及厘米值,一般应读出四位数。图 3-11 中水准尺的中丝读数为 1.259 m,其中末位 9 是估读的毫米数,可读记为"1259",单位为 mm。读数应迅速、果断、准确。读数后应立即重新检视符合水准气泡是否仍旧居中,如仍居中,则读数有效;否则应重新使符合水准气泡居中后再读数。

4. 自动安平水准仪

目前,自动安平水准仪已广泛应用于测绘和工程建设中。它的构造特点是没有水准管和微倾螺旋,而只有一个圆水准器用以粗略整平。圆水准气泡居中后,尽管仪器视线仍有微小的倾斜,但借助仪器内补偿器的作用,视准轴在数秒钟内自动处于水平状态,从而读出视线水平时的水准尺读数值。使用自动安平水准仪时,只要将仪器圆水准气泡居中(粗略整平),即可瞄准水准尺进行读数。只要使圆水准气泡居中并不越出圆水准器中央小黑圆圈范围,补偿器就会起到自动安平的作用。但使用自动安平水准仪仍应认真进行粗略整平。有的自平安平水准仪配有一个键或自动安平钮,每次读数前应按一下键或按一下钮才能读数,否则补偿器不起作用。使用自动安平水准仪时应仔细阅读仪器说明书。

任务3.2 普通水准测量

3.2.1 水准点

水准点就是用水准测量的方法测定的高程控制点。水准测量通常从某一已知高程的水准点开始,经过一定的水准路线,测定各待定点的高程,作为地形测量和施工测量的高程依据。水准点应按照水准测量等级,根据地区气候条件与工程需要,每隔一定距离埋设不同类型的永久性或临时性水准点标志或标石,水准点标志或标石可埋设于土质坚实、稳固的地面或地表冰冻线以下合适处,必须便于长期保存且利于观测与寻找。国家等级永久性水准点埋设形式如图 3-13 所示。国家等级永久性水准点一般用钢筋混凝土或石料制成,顶部嵌有不锈钢或其他不易锈蚀的材料制成的半球形标志,标志最高处(球顶)作为高程起算基准。有时永久性水准点的金属标志(一般宜铜制)也可以直接镶嵌在坚固稳定的永久性建筑物的墙脚上,这种永久性水准点称为墙上水准点,如图 3-14 所示。

各类建筑工程中常用的永久性水准点一般用混凝土或钢筋混凝土制成,如图 3-15(a)所示,顶部设置半球形金属标志;临时性水准点可用大木桩打入地下,如图 3-15(b)所示,桩顶面钉一个半圆球状铁钉,也可直接把大铁钉(钢筋头)打入沥青等路面或在桥台、房基石、坚硬岩石上刻上记号(用红油漆示明)。

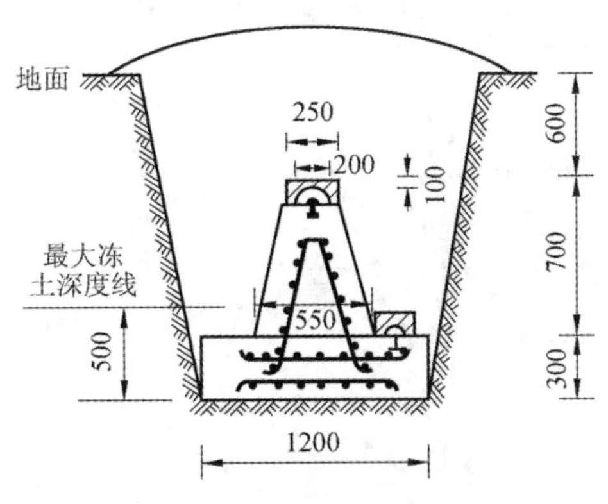

图 3-13　国家等级永久性水准点埋设形式

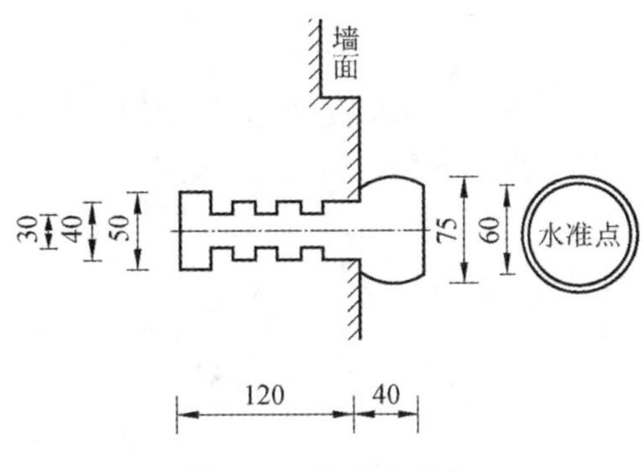

图 3-14　墙上水准点

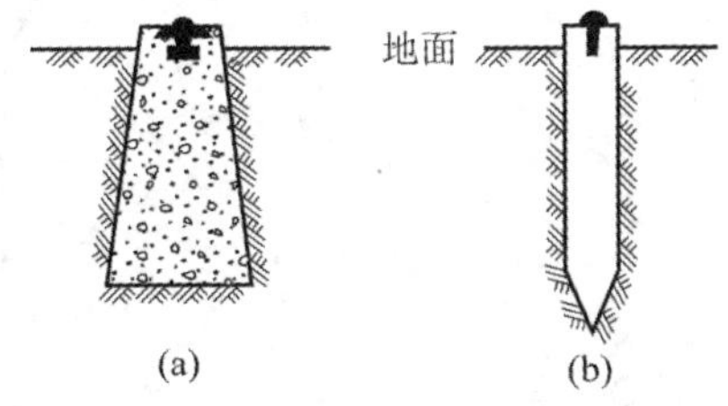

图 3-15　建筑工程水准点

埋设好水准点后，为便于以后寻找，应对水准点进行编号（编号前一般冠以“BM”字样，以表示水准点），并绘出水准点与附近固定建筑物或其他明显地物关系的点位草图（在图上应写明水准点的编号和高程（称为点之记）），作为水准测量的成果一并保存。

3.2.2　水准路线

水准路线就是由已知水准点开始或在两已知水准点之间按一定形式进行水准测量的测量路线。根据测区已有水准点的实际情况和测量的需要以及测区条件，水准路线一般可布设以下几种形式。

1. 支水准路线

从一个已知高程的水准点 BM. *A* 开始，沿待测的高程点 1、2 进行水准测量的水准路线，称为支水准路线，如图 3-16(a)所示。为了检核支水准路线观测成果的正确性和提高观测精度，对支水准路线应进行往返观测。

2. 闭合水准路线

从一个已知高程的水准点 BM. *A* 开始，沿各待测高程点 1、2、3 进行水准测量，最后又回到原水准点 BM. *A* 的水准路线，称为闭合水准路线，如图 3-16(b)所示。

3. 附合水准路线

从一个已知高程的水准点 BM. *A* 开始，沿各待测高程点 1、2、3 进行水准测量，最后附合至另一已知水准点 BM. B 上的水准路线，称为附合水准路线，如图 3-16(c)所示。

4. 水准网

若干条单一水准路线相互连接构成网形，称为水准网，如图 3-16(d)所示。单一水准路线相互连接的点称为结点，图 3-16(d)中的 E、F、G 点就是结点。

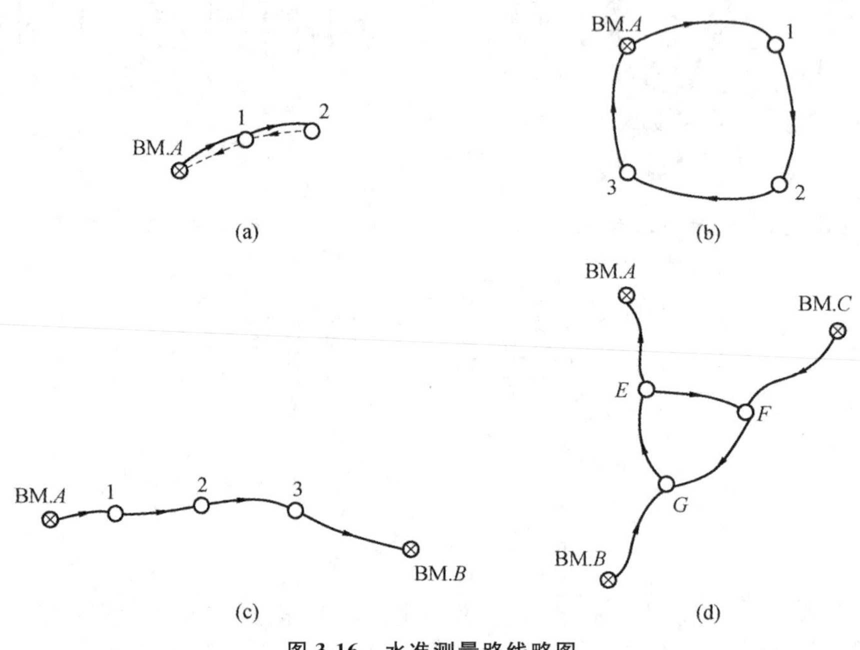

图 3-16　水准测量路线略图

3.2.3　普通水准测量方法

普通水准测量略图如图 3-17 所示。已知水准点 BM. A 的高程 H_A＝19.153 m，欲测定距水准点 BM. A 较远的 B 点高程，按普通水准测量的方法，由 BM. A 点出发共需设五个测站，连续安置水准仪测出各站两点之间的高差，观测步骤如下。

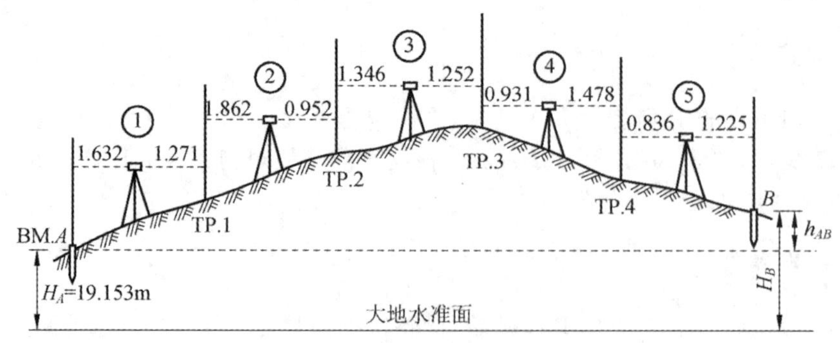

图 3-17　普通水准测量略图

后司尺员在 BM. A 点立尺，观测者在测站①处安置水准仪，前司尺员在前进方向视地形情况，在距水准仪距离约等于水准仪距后视点 BM. A 距离处设转点 TP. 1 点并安放尺垫及立尺。司尺员应使水准尺保持竖直且使分划面(双面尺的黑面)朝向仪器;观测者经过粗平—瞄准—精平—读数的操作程序,后视已知水准点 BM. A 上的水准尺,读数为“1632”,前视 TP. 1 转点上的水准尺,读数为“1271”;记录者将观测数据记录在表 3-2 相应水准尺读数的“后视”与“前视”栏内,并计算该站高差为+0.361 m,记在表 3-2 高差“+”号栏中。至此,测站①的工作结束。转点 TP. 1 上的尺垫保持不动,水准尺轻轻地转向下一站的仪器方向,水准仪搬迁至测站②,BM. A 点司尺员持尺前进并选择合适的转点 TP. 2 安放尺垫并立尺,观测者先后视转点 TP. 1 上的水准尺,读数为“1862”,再前视转点 TP. 2 上的水准尺,读数为“0952”,计算测站②高差为+0.910 m,读数与高差均记录在表 3-2 中相应栏内。按上述方法依次连续进行水准测量,直到测到 B 点为止。

表 3-2　普通水准测量记录手簿(一)

测区________　　　　仪器型号________　　　　观测者________

时间________年____月____日　　　　天　　气________　　　　记录者________

测站	点号	水准尺读数/mm		高差/m		高程/m	备注
		后视	前视	+	−		
①	BM. A	1632		0.361		19.153	已知
	TP. 1		1271			19.514	
②	TP. 1	1862		0.910			
	TP. 2		0952			20.424	
③	TP. 2	1346		0.094			
	TP. 3		1252			20.518	
④	TP. 3	0931			0.547		
	TP. 4		1478			19.971	
⑤	TP. 4	0836			0.389		
	B		1225			19.582	
计算检核	$\sum$/m	6.607	6.178	1.365	0.936		
	$\sum a-\sum b=+0.429$ m			$\sum h=+0.429$ m			

在表 3-2 计算校核中,$\sum a-\sum b=\sum h$ 可用于计算中的校核,检查计算是否正确,但不能检核读数和记录是否有错误。在进行连续水准测量时,其中任何一个后视或前视读数有错误,都会影响高差的正确性。对于每一测站而言,为了校核每次水准尺读数有无差错,可采用改变仪器高的方法或双面尺法进行检核。

(1) 改变仪器高的方法。

在每一测站测得高差后,改变仪器高度(即重新安置与整平仪器,改变量在 0.1 m 以上)再测一次高差;或者用两台水准仪同时观测,当两次测得高差的差值在±5 mm 以内时,取两次高差的平均值作为在该测站测得的高差值,否则需要检查原因,重新观测。

(2) 双面尺法。

仪器高度不变,读取每一根双面水准尺黑面与红面的读数,分别计算双面水准尺黑面与红面的读数之差及黑面尺的高差 $h_{黑}$ 与红面尺的高差 $h_{红}$。若同一双面水准尺红面与黑面(加常数后)之差在±3 mm 以内,且黑面尺高差 $h_{黑}$ 与红面尺高差 $h_{红}$ 之差不超过±5 mm,则取黑面尺、红面尺高差的平均值作为在该测站测得的高差值。当两根双面水准尺的红面、黑面零点差相差 100 mm 时,两个高差也应相差 100 mm,此时应在红面尺的高差中加或减

100 mm后再与黑面尺的高差相比较。

注意:在每测站观测时,应尽力保持前后视距相等。视距可由上下丝读数之差乘以100求得。每次读数时均应使符合水准气泡严密吻合,每个转点均应安放尺垫,但已知或未知水准点上不能安置尺垫。

3.2.4 水准测量成果整理

测站校核只能检查在每一个测站所测高差是否正确,而对于整条水准路线来说,还不能说明它的精度是否符合要求。例如,在仪器搬站期间,由转点的尺垫被碰动、下沉等引起的误差,在测站校核中无法发现,水准路线的闭合差却能反映出来。因此,普通水准测量外业观测结束后,首先应复查与检核记录手簿,并按水准路线布设形式进行成果整理,整理内容包括水准路线高差闭合差计算与校核、高差闭合差的分配和计算改正后的高差、计算各点改正后的高程。

1. 水准路线高差闭合差的计算与校核

(1) 支水准路线。

沿同一支水准路线进行往返观测,由于往返观测的方向相反,因此往测和返测的高差绝对值相同而符号相反,即往测高差总和 $\sum h_{往}$ 与返测高差总和 $\sum h_{返}$ 的代数和在理论上应等于零;但由于测量中各种误差的影响,往测高差总和与返测高差总和的代数和不等于零,该不为零的代数和即为高差闭合差 f_h :

$$f_h = \sum h_{往} + \sum h_{返} \tag{3-7}$$

(2) 闭合水准路线。

因起点和终点均为同一点,构成一个闭合环,因此沿闭合水准路线所测得的各测段高差的总和理论上应等于零,即 $\sum h_{理} = 0$。设沿闭合水准路线实际测得各测段高差的总和为 $\sum h_{测}$,高差闭合差为

$$f_h = \sum h_{测} \tag{3-8}$$

(3) 附合水准路线。

因起点BM.A和终点BM.B的高程H_A、H_B已知,两点之间的高差是固定值,因此沿附合水准路线所测得的各测段高差的总和理论上应等于起终点高程之差,即

$$\sum h_{理} = \sum H_B - \sum H_A \tag{3-9}$$

附合水准路线实测的各测段高差总和 $\sum h_{测}$ 与高差理论值之差即为附合水准路线的高差闭合差:

$$f_h = \sum h_{测} - (\sum H_B - \sum H_A) \tag{3-10}$$

由于受仪器误差、观测误差以及外界的影响,水准测量中不可避免地存在误差,高差闭合差就是水准测量误差的综合反映。为了保证观测精度,对高差闭合差应做出一定的限制,即计算出的高差闭合差 f_h 应在规定的容许范围内。当计算出的高差闭合差 f_h 不超过容许值(即 $f_h \leqslant f_{h容}$)时,认为外业观测合格,否则应查明原因返工重测,直到符合要求为止。对于普通水准测量,规定容许高差闭合差 $f_{h容}$(单位为 mm)为

$$f_{h容} = \pm 40\sqrt{L} \tag{3-11}$$

式中：L——水准路线总长度，以 km 为单位。

在山丘地区，当每 1 000 m 水准路线的测站数超过 16 站时，容许高差闭合差 $f_{h容}$ 可用下式计算：

$$f_{h容} = \pm 12\sqrt{n} \tag{3-12}$$

式中：n——水准路线的测站总数。

2. 高差闭合差的分配和计算改正后的高差

当计算出的高差闭合差在容许范围内时，可进行高差闭合差的分配，分配原则是：对于闭合水准路线或附合水准路线，按与水准路线总长度或水准路线测站数成正比的原则，对高差闭合差反其符号进行分配。用数学式子表示为

$$\nu_{h_i} = -\frac{f_h}{\sum L} \times L_i \tag{3-13}$$

或

$$\nu_{h_i} = -\frac{f_h}{\sum n} \times n_i \tag{3-14}$$

式中：ν_{h_i}—— 分配给第 i 测段观测高差 h_i 上的改正数；

f_h—— 水准路线高差闭合差；

$\sum L$—— 水准路线总长度；

L_i—— 第 i 测段的路线长；

$\sum n$—— 水准路线总测站数；

n_i—— 第 i 测段路线站数。

高差改正数计算校核式为 $\sum \nu_{h_i} = -f_h$，若满足此条件，则说明计算无误。

最后计算改正后的高差 $\hat{h}_i$，它等于第 i 测段观测高差 h_i 加上其相应的高差改正数 ν_{h_i}，即

$$\hat{h}_i = h_i + \nu_{h_i} \tag{3-15}$$

3. 计算各点改正后的高程

根据已知水准点的高程和各测段改正后的高差 $\hat{h}_i$，依次逐点推求各点改正后的高程，作为普通水准测量高程的最后成果。推求出的最后一点的高程值应与闭合水准路线或附合水准路线的已知水准点高程值完全一致。

4. 算例

附合水准路线略图如图 3-18 所示，BM. A 和 BM. B 为已知水准点，按普通水准测量的方法测得各测段观测高差和测段路线长度并分别标注在路线的上、下方。这里将此算例高差闭合差的分配和改正后的高差及高程计算成果列于表 3-3 中。

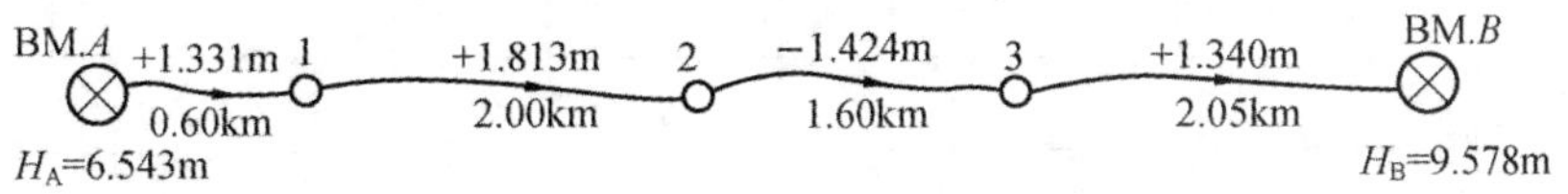

图 3-18 附合水准路线略图

表 3-3　附合水准路线测量成果计算表

点号	路线长度 L/km	观测高差 h_i/m	高差改正数 ν_{h_i}/m	改正后的高差 $\hat{h}_i$/m	高程 H/m	备注
BM. A					6.543	已知
	0.60	+1.331	−0.002	+1.329		
1					7.872	
	2.00	+1.813	−0.008	+1.805		
2					9.677	
	1.60	−1.424	−0.007	−1.431		
3					8.246	
	2.05	+1.340	−0.008	+1.332		
BM. B					9.578	已知
$\sum$	6.25	+3.060	−0.025	+3.305		

$f_h = \sum h_{测} - (H_B - H_A) = 25\ \text{mm}$　　$f_{h容} = \pm 40\sqrt{L} = \pm 100\ \text{mm}$

$\nu_{h_i} = -\frac{f_h}{\sum L} = -\frac{+25}{6.25} = -4\ \text{mm/km}$　　$\sum \nu_{h_i} = -25\ \text{mm} = f_h$

表 3-3 中，$f_h \leqslant f_{h容}$，外业观测成果合格可用。

进行普通水准测量时，一般将数据记录于表 3-4 所示的普通水准测量记录手簿中。

表 3-4　普通水准测量记录手簿(二)

自________　测至________　日期________　天气________

测站序号	测点名	视距/m	水准尺读数		高差/m		高程/m	备注
			后视(a)	前视(b)	+	−		
A							(　　)	已知点
1								
2								
3								
4								
5								
6								
7								

任务3.3 三、四等水准测量

三、四等水准测量多用于小区域地形测图或施工测量中，作为高程控制测量的首级控制。

3.3.1 三、四等水准测量的技术要求

(1) 高程系统：三、四等水准测量起算点的高程一般引自国家一、二等水准点，若测区附近没有国家一、二等水准点，也可建立独立的水准网，这样起算点的高程应采用假定高程。

(2) 布设形式：如果是作为测区的首级控制，一般布设成闭合水准路线；如果进行加密，则多采用附合水准路线或支水准路线。三、四等水准路线一般沿公路、铁路或管线等坡度较小、便于施测的路线布设。

(3) 点位的埋设：点位应选在地基稳固，能长久保存标志和便于观测的地点，水准点的间距一般为1～1.5 km，山岭重丘区可根据需要适当加密，一个测区一般至少埋设三个以上的水准点。

3.3.2 三、四等水准测量的观测方法

三、四等水准测量观测应在通视良好、望远镜成像清晰和稳定的情况下进行，一般采用一对双面水准尺。

1. 三等水准一个测站的观测步骤(后—前—前—后；黑—黑—红—红)

(1) 照准后视尺黑面，精平，分别读取上、下、中三丝读数，并分别记为(1)、(2)、(3)。

(2) 照准前视尺黑面，精平，分别读取上、下、中三丝读数，并分别记为(4)、(5)、(6)。

(3) 照准前视尺红面，精平，读取中丝读数，记为(7)。

(4) 照准后视尺红面，精平，读取中丝读数，记为(8)。

这四步观测，简称为“后—前—前—后(黑—黑—红—红)”，这样的观测步骤可消除或减弱仪器或尺垫下沉误差的影响。对于四等水准测量，规范允许采用“后—后—前—前(黑—红—黑—红)”的观测步骤。

2. 一个测站的计算与检核

三(四)等水准测量观测记录计算表如表3-5所示。

(1) 视距的计算与检核。

后视距(9)=[(1)−(2)]×100 m

前视距(10)=[(4)−(5)]×100 m　　　　三等，≥75 m；四等，≥100 m

前、后视距差(11)=(9)−(10)　　　　三等，≥3 m；四等，≥5 m

前、后视距差累积(12)＝本站(11)＋上站(12)　　　　三等，≥6 m；四等，≥10 m

(2) 水准尺读数的检核。

同一根水准尺黑面与红面中丝读数之差：

前尺黑面与红面中丝读数之差(13)＝(6)＋K－(7)

后尺黑面与红面中丝读数之差(14)＝(3)＋K－(8)　　　三等，≥2 mm；四等，≥3 mm

式中的 K 为红面尺的起点数，为 4.687 m 或 4.787 m。

(3) 高差的计算与检核。

黑面测得的高差(15)＝(3)－(6)

红面测得的高差(16)＝(8)－(7)

校核：黑、红面高差之差(17)＝(15)－[(16)±0.100 m]或(17)＝(14)－(13)　三等，≥3 mm；四等，≥5 mm

高差的平均值(18)＝ [(15)＋(16)±0.100 m]/2

在测站上，当后尺红面起点为 4.687 m，前尺红面起点为 4.787 m 时，取＋0.100 m，反之，取－0.100 m。

3. 每页计算校核

(1) 高差部分。

在每页上，后视红、黑面读数总和与前视红、黑面读数总和之差，应等于红、黑面高差之和。

对于测站数为偶数的页：

$2[(3)+(8)]-2[(6)+(7)]=\sum[(15)+(16)]=2\sum(18)$

对于测站数为奇数的页：

$\sum[(3)+(8)]-2[(6)+(7)]=\sum[(15)+(16)]=2\sum(18)\pm0.100\ \text{m}$

(2) 视距部分。

在每页上，后视距总和与前视距总和之差应等于本页末站视距差累积值与上页末站视距差累积值之差。校核无误后，可计算水准路线的总长度。

$\sum(9)-\sum(10)$＝本页末站之(12)－上页末站之(12)

水准路线总长度＝$\sum(9)+\sum(10)$

表 3-5　三(四)等水准测量观测记录计算表

自：________　测至：________　天气：________　时间：________　观测者：________　记录者：________

<table>
<tr><td rowspan="4">测点编号</td><td rowspan="4">点号</td><td rowspan="2">后尺</td><td>上丝</td><td rowspan="2">前尺</td><td>上丝</td><td rowspan="4">方向及尺号</td><td colspan="2">水准尺读数</td><td rowspan="4">黑＋K－红</td><td rowspan="4">平均高差</td><td rowspan="4">备注</td></tr>
<tr><td>下丝</td><td>下丝</td><td rowspan="3">黑面</td><td rowspan="3">红面</td></tr>
<tr><td colspan="2">后视距</td><td colspan="2">前视距</td></tr>
<tr><td colspan="2">视距差(d)</td><td colspan="2">Σd</td></tr>
<tr><td rowspan="4"></td><td rowspan="4"></td><td colspan="2">1</td><td colspan="2">4</td><td>后</td><td>3</td><td>8</td><td>14</td><td></td><td></td></tr>
<tr><td colspan="2">2</td><td colspan="2">5</td><td>前</td><td>6</td><td>7</td><td>13</td><td></td><td></td></tr>
<tr><td colspan="2">9</td><td colspan="2">10</td><td>后－前</td><td>15</td><td>16</td><td>17</td><td>18</td><td></td></tr>
<tr><td colspan="2">11</td><td colspan="2">12</td><td colspan="5"></td><td></td></tr>
</table>

续表

测点编号	点号	后尺 上丝 / 下丝 后视距 视距差(d)	前尺 上丝 / 下丝 前视距 $\sum d$	方向及尺号	水准尺读数 黑面	水准尺读数 红面	黑＋K－红	平均高差	备注
				后 B					
				前 A					
				后一前					
				后 A					
				前 B					
				后一前					
				后 B					
				前 A					
				后一前					
本页校核									

4. 成果整理

对于三、四等水准测量的闭合水准路线或附合水准路线的成果整理，首先水准路线的高差闭合差应满足相关要求，然后对高差闭合差进行调整，调整方法可参见本项目有关部分，最后按调整后的高差计算各水准点的高程。若水准路线为支水准路线，则满足要求后，取往返测量结果的平均值为最后结果，据此计算水准点的高程。

5. 四等水准采用塔尺进行观测的步骤

四等水准采用塔尺进行观测的步骤为：后（上、下、中）—前（上、下、中）—改变仪器高—前（中）—后（中）。

注：其他未说明内容可参照《三、四等导线测量规范》（CH/T 2007—2001）。

任务3.4 认识、操作全站仪

3.4.1 认识全站仪

全站仪，即全站型电子测距仪(electronic total station)，是一种集光、机、电为一体的高技术测量仪器，是集水平角、竖直角、距离(斜距、平距)、高差测量功能于一体的测绘仪器系统。与光学经纬仪相比，全站仪将光学度盘换为光电扫描度盘，将人工光学测微读数代之以自动记录和显示读数，使测角操作简单化，且可避免读数误差的产生。因一次安置仪器就可完成该测站上全部测量工作，所以被称为全站仪。全站仪广泛用于地上大型建筑和地下隧道施工等精密工程的测量或变形观测领域。

全站仪与光学经纬仪的区别在于度盘读数及显示系统，全站仪的水平度盘和竖直度盘及其读数装置是分别采用编码度盘或两个相同的光栅度盘和读数传感器进行角度测量的，测角精度可分为0.5″、1″、2″、3″、5″、7″等等级。

全站仪具有角度测量、距离(斜距、平距、高差)测量、三维坐标测量、导线测量、交会定点测量和放样测量等多种用途。内置专用软件后，全站仪的功能还可进一步拓展。

全站仪主要由五个系统组成：控制系统、测角系统、测距系统、记录系统和通信系统。控制系统是全站仪的核心，主要由微处理机、键盘、显示器、存储卡、制动螺旋、微动螺旋、控制模块和通信接口等软硬件组成。通过键盘(面板)可以进行各种控制操作，如参数预置、选择显示和记录模式、进行存储卡格式化、建立或选择工作文件、数据输入/输出、确定测量模式等。不同型号的全站仪基本功能相差不大，下面以苏州一光仪器有限公司生产的全站仪(见图3-19)为例，说明全站仪的基本结构与功能。

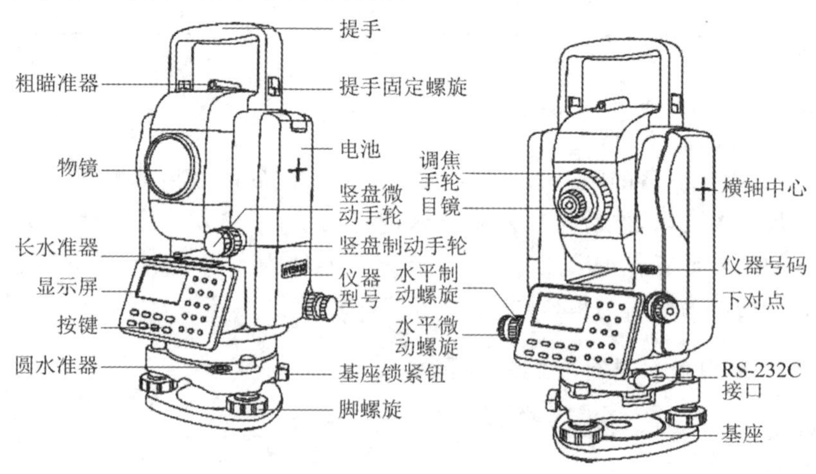

图3-19 苏州一光全站仪的构造

(1) 屏幕显示符号说明。

苏州一光全站仪屏幕显示符号说明如表 3-6 所示。

表 3-6　苏州一光全站仪屏幕显示符号说明

符号	名称	符号	名称
VZ	天顶距	PT#	点号
VH	高度角	ST/BS/SS	测站/后视/碎部点标识
V%	坡度	Ins. Hi(I. HT)	仪器高
HR/HL	水平角(顺时针增/逆时针增)	Ref. Hr(R. HT)	棱镜高
SD/HD/VD	斜距/平距/高差	ID	编码登记号
N	北向坐标	PCODE	编码
E	东向坐标	P1/P2/P3	第一/二/三页
Z	高程		

(2) 测量模式显示。

苏州一光全站仪的显示屏采用点阵图形式液晶显示(LCD),可显示 4 行汉字,每行 8 个汉字。测量时,第一、二、三行显示测量数据;第四行显示对应相应测量模式中的按键功能。

仪器显示分测量模式(见图 3-20 至图 3-23)与菜单模式(见图 3-24 和图 3-25)两种。

VZ: 81° 54′ 21″
HR: 157° 33′ 58″
置零　锁定　记录　P1

图 3-20　角度测量模式

VZ—天顶距,为 81°54′21″
HR—水平角,为 157°33′58″

VZ: 81° 54′ 21″
HR: 157° 33′ 58″
SD: 130.216 m
测距　记录　P1

图 3-21　距离测量模式 1

VZ—天顶距,为 81°54′21″
HR—水平角,为 157°33′58″
SD—斜距,为 130.216 m

HR: 157° 33′ 58″
HD: 128.919m
VD: 18.334 m
测距　记录　P1

图 3-22　距离测量模式 2

HR—水平角,为 157°33′58″
HD—平距,为 128.919 m
VD—高差,为 18.334 m

N: 5.838 m
E: −3.308 m
Z: 0.226 m
测距　记录　P1

图 3-23　坐标测量模式

N—北向坐标,为 5.838 m
E—东向坐标,为 −3.308 m
Z—高程,为 0.226 m

菜单　1/3
F1: 放样
F2: 数据采集
F3: 程序

图 3-24　主菜单(第 1 页 共 3 页)

按 F1 键,进入放样模式
按 F2 键,进入数据采集模式
按 F3 键,进入程序模式

设置　1/3
F1: 最小读数
F2: 角度单位
F3: 长度单位

图 3-25　设置子菜单

按 F1 键,进入最小读数设置
按 F2 键,进入角度单位设置
按 F3 键,进入长度单位设置

(3) 操作面板按键说明。

苏州一光全站仪的操作面板如图 3-26 所示,其上的按键功能说明如表 3-7 所示。

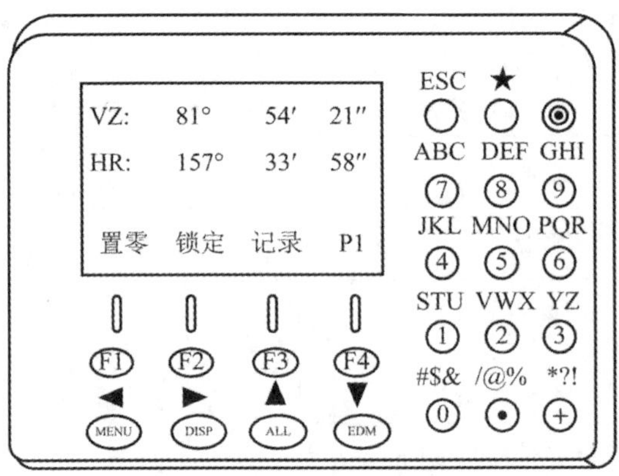

图 3-26 苏州一光全站仪的操作面板

表 3-7 苏州一光全站仪操作面板按键功能说明

按键	第一功能	第二功能
F1～F4	对应第四行显示的功能	功能参见所显示的信息
0～9	输入相应的数字	输入字母以及特殊符号
ESC	退出各种菜单功能	
★	夜照明开/关	
⊙	开/关机	
MENU	进入仪器主菜单	①字符输入时光标向左移； ②内存管理中查看数据上一页
DISP	切换角度、斜距、平距和坐标测量模式	①字符输入时光标向右移； ②内存管理中查看数据下一页
ALL	一键启动测量并记录	①向前翻页； ②内存管理中查看上一点数据
EDM	测距条件、模式设置菜单	①向后翻页； ②内存管理中查看下一点数据

(4) 功能键(软键)使用说明。

软键功能标记在显示屏的第四行。该功能随测量模式的不同而改变。

① 角度测量模式。

在角度测量模式下，软键功能如图 3-27 所示。

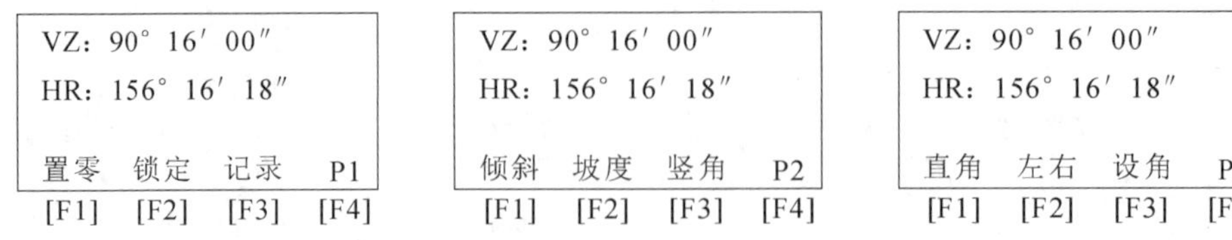

图 3-27 角度测量模式下的软键功能

置零：水平角置零。将物镜对准目标后按“F1”置零键，将水平角设置为 0°00′00″，但由于测角时电子电路工作的不稳定性，存在±(2″～5″)的误差。

锁定:水平角锁定。首先转动水平度盘,将屏幕上显示的水平角设置为所需设定的角度,然后按“F2”锁定键使水平角固定不变,再转动水平度盘将物镜对准目标,按“是” 键,将水平角设置为所需设定的角度。

记录:记录测量数据。将所测数据记录在全站仪内存中。

倾斜:设置倾斜改正功能开或关。设置全站仪倾斜补偿状态。

坡度:天顶距/坡度的变换。设置全站仪是显示天顶距还是显示全站仪到目标的坡度比。

竖角:天顶距/高度角的变换。设置全站仪是显示天顶距还是显示竖直角。

直角:直角蜂鸣(接近直角时蜂鸣器响)。设置全站仪的水平角在接近 0°、90°、180°、270°时蜂鸣器发出响声。

左右:水平角顺/逆时针增加(默认右)。设置全站仪的水平角是顺时针增加还是顺时针减小。

设角:预置一个水平角。将物镜对准目标,按“F3”设角键,由键盘输入所需设定的水平角。

注:在角度测量状态下有三个屏幕显示,按“F4”键依次转换各屏幕,要实现显示屏的第四行所显示的功能,按对应的“F”键即可。

② 斜距测量模式。

在斜距测量模式下,软键功能如图 3-28 所示。

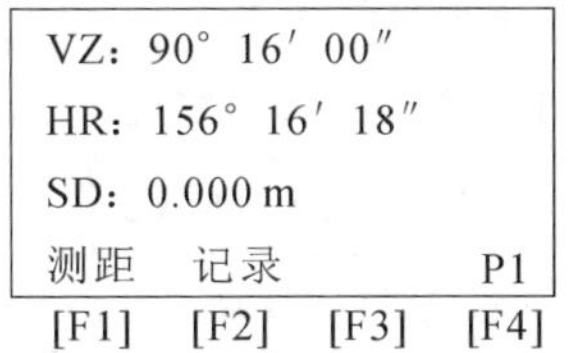

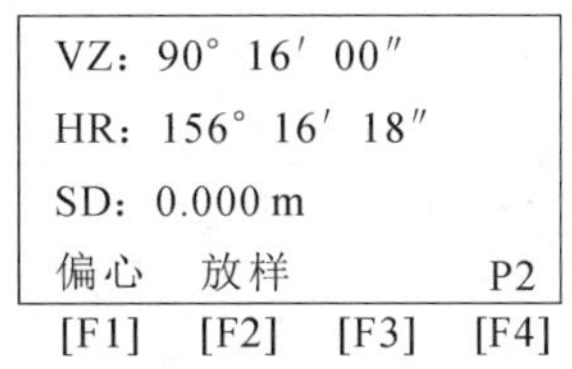

图 3-28 斜距测量模式下的软键功能

③ 平距测量模式。

在平距测量模式下,软键功能如图 3-29 所示。

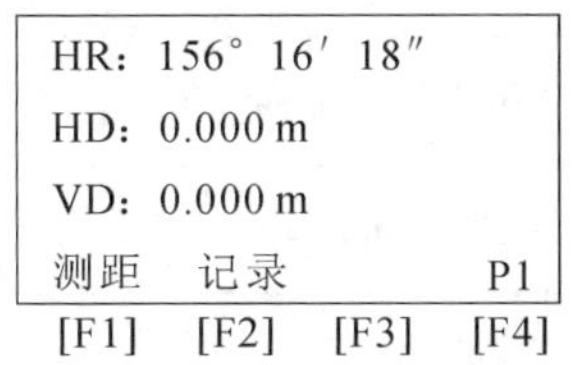

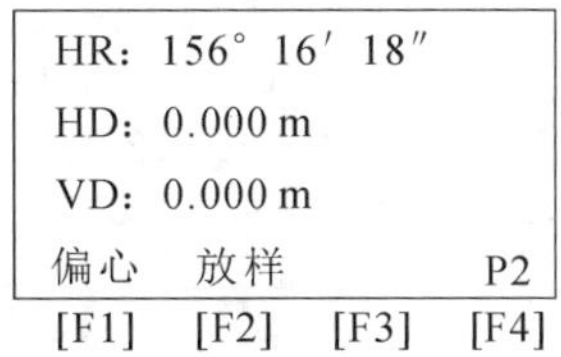

图 3-29 平距测量模式下的软键功能

测距:测量并显示。开始测距,经数秒后显示测量结果。

记录:记录测量数据。将所测数据记录在全站仪内存或计算机中。

偏心:偏心测量模式。进入偏心测量菜单。

放样:距离放样模式。进入距离放样模式。

④ 坐标测量模式。

在坐标测量模式下,软键功能如图 3-30 所示。

测距:启动测量并计算坐标。开始测距,经数秒后显示由全站仪内部按一定程序,根据

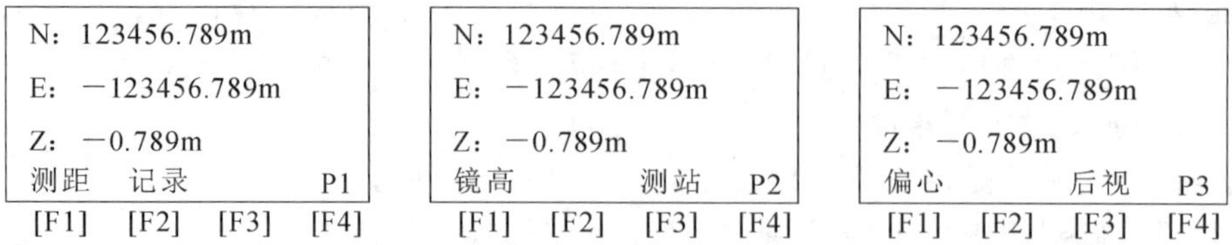

N：123456.789m E：－123456.789m Z：－0.789m 测距 记录 P1	N：123456.789m E：－123456.789m Z：－0.789m 镜高 测站 P2	N：123456.789m E：－123456.789m Z：－0.789m 偏心 后视 P3
[F1] [F2] [F3] [F4]	[F1] [F2] [F3] [F4]	[F1] [F2] [F3] [F4]

图 3-30 坐标测量模式下的软键功能

测站点和后视点的已知条件计算出来的目标点坐标。

记录：记录当前显示的坐标数据。将所测数据记录在全站仪内存或计算机中。

镜高：输入棱镜高度。输入目标点的棱镜高度。

测站：输入测站点坐标。输入测站点的已知数据。

偏心：偏心测量模式。进入偏心测量菜单。

后视：输入后视点坐标。输入后视点的已知数据。

（5）各测量模式下的软键功能。

苏州一光全站仪各测量模式下的软键功能如表 3-8 所示。

表 3-8 苏州一光全站仪各测量模式下的软键功能

模式	显示	软键	功能	页数
角度测量	置零	F1	水平角置零	P1
	锁定	F2	水平角锁定	
	记录	F3	记录测量数据	
	倾斜	F1	设置倾斜改正功能开或关	P2
	坡度	F2	天顶距/坡度的变换	
	竖角	F3	天顶距/高度角的变换	
	直角	F1	直角蜂鸣（接近直角时蜂鸣器响）	P3
	左右	F2	水平角顺/逆时针增加（默认右）	
	设角	F3	预置一个水平角	
斜距测量	测距	F1	启动测量并显示	P1
	记录	F2	记录测量数据	
	偏心	F1	进入偏心测量模式	P2
	放样	F2	进入距离放样模式	
平距测量	测距	F1	测量并计算平距、高差	P1
	记录	F2	记录当前显示的测量数据	
	偏心	F1	进入偏心测量模式	P2
	放样	F2	进入距离放样模式	

续表

模式	显示	软键	功能	页数
坐标测量	测距	F1	启动测量并计算坐标	P1
	记录	F2	记录当前显示的坐标数据	
	镜高	F1	输入棱镜高度	P2
	测站	F3	输入测站点坐标	
	偏心	F1	进入偏心测量模式	P3
	后视	F3	输入后视点坐标	

3.4.2 测量前的准备工作

使用全站仪进行测量前要做好充分的准备工作，使全站仪处于良好的工作状态，以获得最佳的观测值。首先要检查全站仪所使用的充电电池是否有充足的电量、是否能够正常充电，然后要根据规范测定测区的温度和气压，对全站仪进行大气改正，并对全站仪的测量单位、测量模式等进行设置，完成上述准备工作后，才能进行测量工作。

1. 全站仪所用充电电池的充电

苏州一光全站仪充电电池的充电方法是将充电器的交流电源插头插入 220 V 交流电源，直流电源插头插入充电电池，充电器红灯亮，此时表示正在充电。充电结束后，充电器红灯开始快速闪烁，表示充电完成，分别拔出交流电源插头和直流电源插头，取下充电电池。

注意：红灯一直亮，表示正在充电；红灯快速闪烁，表示充电完成。红灯闪烁并且间隔时间长，表示没有检测到充电电池，此时应适当转动充电插头，以保证充电插头与充电电池上的插头接触良好；红灯不亮，表示无交流电源输入，此时应检查是否有 220 V 交流电源，检查充电器是否完好。

2. 全站仪的基本操作

1）开机

开机前，全站仪应已经对中整平，否则屏幕上将显示 TiIt Over，提示全站仪没有整平并超出补偿范围。按“⊙”键（电源键）开机，按提示使全站仪望远镜转动一周，听到“嘀”的一声响，表示全站仪初始化成功，可以正常使用。一般情况下应进入基本测量模式，如果上次关机前处在其他的测量模式下，全站仪将进入上次的测量模式，此时按“ESC”键返回基本测量模式。

应确认显示窗中显示有足够的电池电量，当显示“电池电量不足”（电池用完）时，应及时更换充电电池并对充电电池进行充电。另外，还应确认棱镜常数值（PSM）和大气改正值（PPM ）。

全站仪开机流程图如图 3-31 所示。

2）关机

按“⊙”键（电源键）关闭电源，按“F3”键确认关机，按“F4”键返回到关机前界面。

全站仪关机流程图如图 3-32 所示。

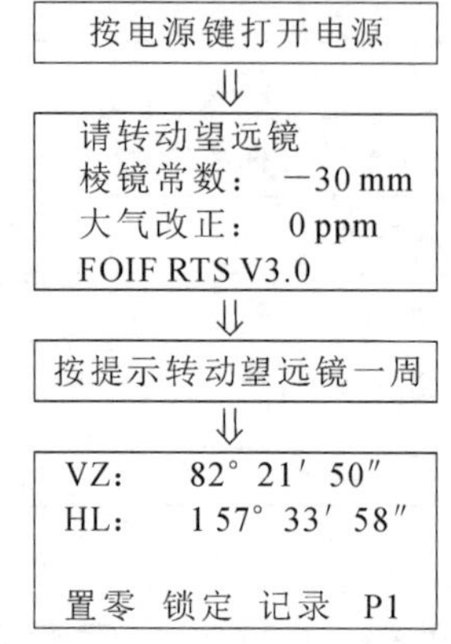

图 3-31 全站仪开机流程图

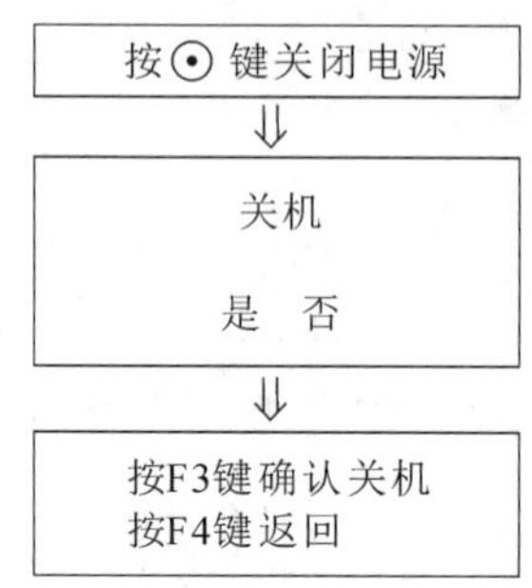

图 3-32 全站仪关机流程图

3）水平角(右角)和竖直角测量

在测量水平角(右角)和竖直角前，应确认全站仪处于角度测量模式下。具体测量操作如表 3-9 所示。

表 3-9 全站仪水平角(右角)和竖直角测量具体操作

操作步骤	显示
① 照准第一个目标(*A*)	VZ： 89° 25′ 55″ HR： 157° 33′ 58″ 置零 锁定 记录 P1
② 设置目标 *A* 的水平角读数为 0° 00′00″。 按“F1”(置零)键和“F3”(是)键	水平角置零 确认吗？ —— —— 是 否
③ 仪器显示目标 *A* 的水平角和目标 *A* 的竖直角	VZ： 89° 25′ 55″ HR： 0° 00′ 00″ 置零 锁定 记录 P1
④ 照准第二个目标(*B*)。仪器显示目标 *A* 与 *B* 的水平角和 *B* 的竖直角	VZ： 89° 25′ 55″ HR： 168° 32′ 18″ 置零 锁定 记录 P1

照准目标的方法(供参考)：

① 将望远镜对准明亮的地方，旋转目镜调焦环，使十字丝清晰。

② 利用粗瞄准器内的十字标志瞄准目标。照准时眼睛与瞄准器之间应留有适当的距离。

③ 利用望远镜调焦螺旋使目标成像清晰。

注意：当眼睛在目镜端上下或左右移动发现有视差时，说明调焦或目镜屈光度未调好，这会影响测量精度，应仔细进行物镜调焦和目镜调焦，以消除视差。

4）距离测量(斜距测量模式)

在进行距离测量前，应确认全站仪处于角度测量模式下。具体测量操作如表3-10所示。

表3-10　全站仪距离测量(斜距测量模式)具体操作

操作步骤	显示
① 按“DISP”(切换)键，进入斜距测量状态	VZ： 89° 25′ 55″ HR： 168° 36′ 18″ 置零 锁定 记录 P1
② 照准棱镜中心	VZ： 89° 25′ 55″ HR： 168° 36′ 18″ SD： m 测距 记录 —— P1
③ 按[F1](测距)键[a]	VZ： 89° 25′ 55″ HR： 168° 36′ 18″ SD： * m 停止 记录 —— P1
④ 显示测量结果[b~e]	VZ： 89° 25′ 55″ HR： 168° 36′ 18″ SD： 88.888 m 测距 记录 —— P1
⑤ 按“ESC”键，测距值被清空	VZ： 89° 25′ 55″ HR： 168° 36′ 18″ SD： m 测距 记录 —— P1

a. 当电子测距正在进行时，“*”号会出现在显示屏上。

b. 测量结果显示时伴随着蜂鸣声。

c. 测量结果根据测量模式设置的不同而改变：当模式设置为单次的时候，测量结果显示为当次测量结果；当模式设置为连续的时候，仪器最后显示为所有测量次数结果的平均值；当模式设置为跟踪的时候，仪器显示的测量结果只精确到小数点后两位(cm)。

d. 按“DISP”(切换)键，测距结果改为以平距、高差显示。

e. 若目标被树枝等物体挡住，则可能导致信号弱，仪器显示“E02”。因此，应保证测距时仪器与棱镜间无遮挡。

5）距离测量(平距、高差测量模式)

进行距离测量前，应确认全站仪处于角度测量模式下。具体操作如表3-11所示。

表 3-11　全站仪距离测量（平距、高差测量模式）具体操作

操作步骤	显示
① 按两次“DISP”（切换）键，进入平距、高差测量模式	VZ：89°　25′　55″ HR：168°　36′　18″ 置零　锁定　记录　P1
② 照准棱镜中心	HR：168°　36′　18″ HD：m SD：m 测距　记录　——　P1
③ 按“F1”（测距）键，显示测量结果	HR：168°　36′　18″ HD：88.886 m SD：0.002 m 测距　记录　——　P1

全站仪测量结果应记入全站仪测量记录表（见表 3-12）中。

表 3-12　全站仪测量记录表

组别：________　仪器号码：________　　　　________年________月________日

测站测回	目标	仪器高/m	棱镜高/m	竖盘位置	水平角观测		竖直角观测		距离高差观测			坐标测量		
					水平度盘读数	方向值或角值	竖直度盘读数	竖直角	斜距/m	平距/m	高差/m	x/m	y/m	H/m

任务3.5 使用全站仪进行导线测量

3.5.1 全站仪初始化设置

全站仪测角、测距基本设置如下。

1. 垂直角倾斜改正开/关

当启动倾斜传感器功能时，将显示由于仪器不严格水平而需对竖直角添加的改正值。为保证竖直角的精度，必须启动倾斜传感器。倾斜量也可用于仪器精密整平。若显示“TILT OVER”，则表示仪器倾斜已超出自动补偿范围，必须人工整平仪器。若仪器位置不稳定或刮风，则所显示的竖直角也不稳定。此时，可关闭竖直角自动倾斜改正的功能，但可能影响竖直角精度。一般用软件设置倾斜改正。

［**例**］ 设置竖直角倾斜改正关闭操作如表3-13所示。

表3-13 全站仪设置竖直角倾斜改正关闭操作

操作步骤	显示
① 在角度测量模式下，按“F4”键进入第二页功能键信息显示	VZ：82° 21′ 50″ HL：157° 33′ 58″ 倾斜 坡度 竖角 P2
② 按“F1”（倾斜）键，显示当前补偿值	倾斜 ［X开］ X：−0° 1′ 12″ X开 XY开 关 —
③ 按“F3”（关）键，补偿器关闭	倾斜 ［XY关］ X开 XY开 关 —
④ 按“ESC”（关）键，完成竖直角倾斜设置	

2. 水平角（右角/左角）的切换

在进行水平角（右角/左角）的切换前，应确认全站仪处于角度测量模式下。具体操作如表3-14所示。

表 3-14　全站仪水平角(右角/左角)的切换操作

操作步骤	显示
① 在角度测量模式下按两次"F4"键跳过 P1、P2，进入第 3 页(P3)功能	VZ：89° 25′ 55″ HR：168° 36′ 18″ 直角　左右　设角　P3
② 按"F2"(左右)键，将水平角测量右角模式转换成左角模式	VZ：89° 25′ 55″ HL：191° 23′ 42″ 置零　锁定　记录　P1
③ 采用类似右角观测方法进行左角观测	

右角(HR)：水平角顺时针方向增加。

左角(HL)：水平角逆时针方向增加。

左角与右角之间是互补关系，即左角＋右角＝360°。

出厂默认设置为右角(HR)模式。在没有完全理解左角与右角对测量工作的作用及影响之前，一般不建议用户使用左角(HL)模式。

3. 水平度盘读数的设置

1) 利用锁定水平角法设置

利用锁定水平角法设置水平度盘读数前，应确认全站仪处于角度测量模式下。具体操作如表 3-15 所示。

表 3-15　全站仪利用锁定水平角法设置水平度盘读数操作

操作步骤	显示
① 利用水平微动螺旋设置水平度盘读数为要设置的角度	VZ：89° 25′ 55″ HR：191° 23′ 42″ 置零　锁定　记录　P1
② 按"F2"(锁定)键，启动水平度盘锁定功能。 ③ 照准需要设置读数的方向	水平角锁定 HR：191° 23′ 42″ 确认吗？ ——　——　是　否
④ 按"F3"(是)键，将当前方向置为锁定状态下所显示的角度，显示返回到正常的角度测量模式	VZ：89° 25′ 55″ HR：191° 23′ 42″ 置零　锁定　记录　P1

2）利用数字键设置

利用数字键设置水平度盘读数前，应确认全站仪处于角度测量模式下。具体操作如表3-16所示。

表 3-16　全站仪利用数字键设置水平度盘读数操作

操作步骤	显示
① 照准定向目标点	VZ：　89°　25′　55″ HR：　168°　36′　18″ 置零　锁定　记录　P1
② 按两次“F4”（P1、P2）键，进入第3页功能，再按“F3”设角键	VZ：　89°　25′　55″ HR：　168°　36′　18″ 直角　左右　设角　P3
③ 按“F1”（输入）键，输入水平度盘读数，如80°30′50″	水平角设置 HR：　80.3050 确认吗？ 数字　—　—　确认
④ 按“F4”（确认）键；再按“F4”（确认）键	VZ：　89°　25′　55″ HR：　80°　30′　50″ 直角　左右　设角　P3

至此，水平方向角度被设为输入的值。

4. 垂直度/坡度模式的切换

进行垂直度/坡度模式的切换前，应确认全站仪处于角度测量模式下。具体操作如表3-17所示。

表 3-17　全站仪垂直度/坡度模式的切换操作

操作步骤	显示
① 按“F4”（P1）键，进入第2页功能	VZ：　89°　25′　55″ HR：　168°　36′　18″ 倾斜　坡度　竖角　P2
② 按“F2”（坡度）键，完成垂直度与坡度模式转换。 每按一次“F2”（坡度）键，垂直度与坡度模式相互转换一次	V：　0.99％ HR：　168°　36′　18″ 置零　锁定　记录　P1

5. 天顶距/高度角模式的设置

在进行天顶距/高度角模式的设置前，应确认全站仪处于角度测量模式下。具体操作如表 3-18 所示。

表 3-18　全站仪天顶距/高度角模式的设置操作

操作步骤	显示
① 按"F4"(P1)键，进入第 2 页功能	VZ：89° 25′ 55″ HR：168° 36′ 18″ 倾斜　坡度　竖角　P2
② 按"F3"(竖角)键，转换高度角模式。每按一次"F3"(竖角)键，竖直角显示模式便依次转换	VZ：0° 34′ 55″ HR：168° 36′ 18″ 置零　锁定　记录　P1

在高度角模式下，竖直角在望远镜处于水平位置时为 0°。

6. 水平角直角蜂鸣的设置

直角蜂鸣打开时，如果水平角落在 0°、90°、180°或 270°的± 1°范围以内，蜂鸣声响起。直到水平角调节到 0°00′00″(± 1″)、90°00′00″(± 1″)、180°00′00″(± 1″)或 270°00′00″(± 1″)时，蜂鸣声才会停止。

水平角直角蜂鸣的设置操作如表 3-19 所示。

表 3-19　全站仪水平角直角蜂鸣的设置操作

操作步骤	显示
① 按两次"F4"(P1、P2)键，进入第 3 页功能	VZ：89° 25′ 55″ HR：168° 36′ 18″ 直角　左右　设角　P3
② 按"F1"(直角)键，显示上次设置状态	直角蜂鸣　[关] 开　关　—　—
③ 按"F1"(开)键或"F2"(关)键选择蜂鸣器的开/关	直角蜂鸣　[开] 开　关　—　—

续表

操作步骤	显示
④ 按“ESC”(退出)键	VZ： 89° 25′ 55″ HR： 168° 36′ 18″ 直角 左右 设角 P3

7. 测距模式设置

测距模式有三种，即精测模式、跟踪模式、粗测模式。

精测模式：最常用的测距模式，精度高但时间长，测距时间短于 4 秒(初次)，距离显示精度为 1 毫米。

跟踪模式：测量时间短但精度低，只精确到厘米位，常用于精度要求不高的放样测量，测距时间约 0.5 秒，距离显示精度为 10 毫米。

粗测模式：测距时间短于精测模式。使用该模式测距会有轻微的不稳定现象，测距时间约 1 秒，距离显示精度为 1 毫米。

示例：测距模式设置操作如表 3-20 所示。

表 3-20 全站仪测距模式设置操作示例

操作步骤	显示
① 按“EDM”键，进入测距设置界面。 ② 按“F1”(测距模式)键，进入测距模式选择界面	测距设置 1/2 F1： 测距模式 F2： 棱镜常数 F3： 大气改正
③ “[ ]”中为当前的测距模式，按“F1”、“F2”或“F3”键选择所需的测距模式。 ④ 按“F4”(确认)键。 ⑤ 按“ESC”键，退回到测量模式	模式设置 F1： 粗测 [F2： 跟踪] F3： 精测 确认

8. 棱镜常数设置

仪器出厂时棱镜常数设置为 0 mm。一般原配单棱镜常数为 0 mm，三棱镜组棱镜常数为－30 mm。如果不是使用常数为 0 mm 的棱镜，则必须设置相应的棱镜常数。一旦设置了棱镜常数，关机后该常数会被保存，直到用户下一次输入棱镜常数。

示例：棱镜常数设置操作如表 3-21 所示。

表 3-21 全站仪棱镜常数设置操作示例

操作步骤	显示
① 按“EDM”键，进入测距设置界面	测距设置 1/2 F1： 测距模式 F2： 棱镜常数 F3： 大气改正
② 按“F2”（棱镜常数）键，显示现有的棱镜常数。 ③ 按“F1”（输入）键，输入新的棱镜常数	棱镜常数设置 ： 000 mm 输入 — — 确认
④ 输入正确的棱镜常数后，按“F4”（确认）键保存设置	棱镜常数设置 ： −30 mm 数字 — — 确认

9. 大气改正

RTS600 系列全站仪的大气改正由测绘人员直接输入温度和气压进行修正。在测量工作开始前，要正确测量当时的温度和气压，以保证输入的温度、气压值准确，从而测得真实的距离。

示例：大气改正设置操作如表 3-22 所示。

表 3-22 全站仪大气改正设置操作示例

操作步骤	显示
① 按“EDM”键，进入测距设置界面。 ② 按“F3”（大气改正）键，显示现有的设置值	测距设置 1/2 F1： 测距模式 F2： 棱镜常数 F3： 大气改正
③ 按“F1”（输入）键，输入新的温度、气压值。用户可以通过[▲]、[▼]键将箭头上下移动来切换温度或气压的输入	PPM： 000 温度>18.0 ℃ 气压： 1020.0 hPa 输入 — — 确认
④ 输入正确的温度、气压值后，按“F4”（确认）键保存设置	PPM： 000 温度＝0℃ 气压： 1020.0 hPa 输入 — — 确认

10. 返回信号查看

在全站仪的测距过程中，返回信号太小，会导致仪器无法得出正确的测距结果。因此，在对测距条件进行检查的时候，需要确认返回信号的大小，但显示的返回信号值只能作为参考，并且不能由测绘人员进行修改。正常的返回信号值在10%以上，仪器才能得出测距结果。RTS600系列全站仪不能在屏幕直接看到返回信号的大小，返回信号的大小在测距设置界面才能看到。

示例：返回信号查看操作如表3-23所示。

表 3-23　全站仪返回信号查看操作示例

操作步骤	显示
① 按两次[EDM]键，进入测距设置界面第2页	测距设置　2/2 F1：　信号
② 照准棱镜后按“F1”(信号)键，显示当前的回光信号强度	信号： 32%
③ 按“ESC”键，退出查看信号界面	

全站仪可将测量数据存储在内存中。内存划分有数据采集文件和坐标数据文件。测量数据，即被采集的数据存储在数据采集文件中。测点数目在未使用内存于放样模式的情况下最多可达4000个点。内存有数据采集模式和放样模式两种工作模式，当放样模式在使用时，可存储测点的数目会减少。

(1) 关闭电源时，可确认仪器处于基本测量模式，这样可以确保存储器输入、输出过程的完结，保存设置数据。

(2) 为安全起见，建议预先将充电电池充足电，并准备好已充足电的备用电池。

3.5.2　输入数字和字母的方法

字母与数字可由键盘输入，十分简单、快捷。

示例：在存储管理模式下给文件更名操作如表3-24所示。

表 3-24　全站仪在存储管理模式下给文件更名操作示例

操作步骤	显示
① 仪器开机过零后，按“MENU”键进入主菜单屏幕，按“▼”键进入第二页主菜单屏幕	菜单　　2/2 F2：　记录口 F1：　存储管理 F3：　设置

续表

操作步骤	显示
② 按“F1”键进入存储管理子菜单屏幕，再按“F3”键进入文件管理菜单，按“F1”键使文件改名进入字母输入模式	>=_ /M0015 字母 — — 确认
③ 输入字母	>=SUN /M0015 字母 — — 确认
④ 按“F1”键，进入数字输入模式，输入“01”。 ⑤ 按“F4”键，确认更名。 在数字输入过程中，光标自动下移	>=SUN_01 /M0015 字母 — — 确认

如果同一个字母需要连续输入两次或更多次，则应在字母输入之间按“▶”键，使光标右移。

3.5.3 数据采集操作步骤

(1) 选择测量数据文件，将所采集的数据存储在该文件中。

(2) 选择坐标数据文件。可进行测站坐标数据及后视坐标数据调用。

当无须调用已知点坐标数据时，可省略此步骤。

(3) 设置测站点，包括仪器高和测站点号及坐标。

(4) 设置后视点，通过测量后视点进行定向，确定方位角。

(5) 设置待测点的棱镜高，开始采集、存储数据。

3.5.4 选择数据采集文件(供采集数据存储用)

数据采集首先要选择一个数据采集文件，可以将测量数据存入所选定的数据采集文件中。

选择数据采集文件操作如表 3-25 所示。

表 3-25 全站仪选择数据采集文件操作

操作步骤	显示
① 按“MENU”(菜单)键，进入主菜单	菜单 1/2 F1: 放样 F2: 数据采集 F3: 程序

续表

操作步骤	显示
② 按“F2”(数据采集)键,进入数据采集流程	选择文件 文件名: 输入　列表　—　确认
③ 按“F2”(列表)键,显示数据文件目录[a]	>＊FDATA_01/0012 FDATA_02/0102 FDATA_03/0008 —　浏览　—　确认
④ 按“▲”(上移)键或“▼”(下移)键,可以使文件列表向上或向下翻动,选择一个数据采集文件[b]	FDATA_01/0012 >＊FDATA_02/0102 FDATA_03/0008 —　浏览　—　确认
⑤ 按“F4”(确认)键,文件被确认	数据采集　1/2 F1:　测站设置 F2:　后视点设置 F3:　碎部点

a. 如果要直接输入文件名,则可按“F1”(输入)键,然后输入文件名。

b. 如果文件被选定,则在该文件名的左边显示符号“＊”。

3.5.5　选择坐标数据文件(供数据采集用)

若需调用坐标数据文件中的坐标作为测站点或后视点坐标用,则预先应选择一个坐标数据文件。

选择坐标数据文件操作如表 3-26 所示。

表 3-26　全站仪选择坐标数据文件操作

操作步骤	显示
① 在数据采集文件选定后,按“EDM”键,实现数据采集流程 2/2 页显示	菜单　2/2 F1:　选择文件 F2:　输入编码
② 按“F1”(选择文件)键	选择文件 文件名: 输入　列表　—　确认

续表

操作步骤	显示
③ 按“F2”(列表)键,显示坐标数据文件目录[a]	> @FOIF_01/0012 FOIF_02/0102 FOIF_03/0008 — 浏览 — 确认
④ 按“▲”(上移)键或“▼”(下移)键,可以使文件列表向上或向下移动,选择一个坐标数据文件[b]	FOIF_01/0012 > @FOIF_02/0102 FOIF_03/0008 — 浏览 — 确认
⑤ 按“F4”(确认)键,文件被确认	数据采集 2/2 F1: 选择文件 F2: 输入编码

a. 如果要直接输入文件名,则可按“F1”(输入)键,然后输入文件名。
b. 如果文件被选定,则在该文件名的左边显示符号“@”。

3.5.6 设置测站点

1. 利用内存中的坐标设置(坐标数据文件已选定)

具体操作如表 3-27 所示。

表 3-27 全站仪利用内存中的坐标设置测站点操作

操作步骤	显示
① 使仪器显示数据采集菜单界面	数据采集 1/2 F1: 测站设置 F2: 后视点设置 F3: 碎部点
② 按“F1”(测站设置)键,显示点号选择界面	PT# > ID : Ins. Hi:1.000m 输入 查找 记录 NEZ
③ 按“F1”(输入)键	测站 点号: 输入 列表 — 确认

续表

操作步骤	显示
④ 按“F2”(列表)键，显示坐标点号目录[a]。 ⑤ 按“▲”(上移)键或“▼”(下移)键，选择工作点数据，按“F4”(确认)键[bc]	>F001 F002 F003 浏览　查找　—　确认
⑥ 输入 Ins. Hi(仪器高)、PCODE(编码登记号)，按“F3”(记录)键[d]	PT＃：　F001 ID：　SYG Ins. Hi>1.000m 输入　查找　记录　NEZ

a. 如果要直接输入点号，则可按“F1”(输入)键，然后输入点号。
b. 可以按“F1”(浏览)键对选择的坐标点数据进行查看。
c. 按“F2”(查找)键可以通过输入点号查看坐标点数据。
d. 如果输入数字 0～49，则为 ID(PCODE LIB 编码库登记号)。

2. 直接输入测站点坐标

具体操作如表 3-28 所示。

表 3-28　全站仪通过直接输入测站点坐标设置测站点操作

操作步骤	显示
① 使仪器显示数据采集界面	数据采集　　1/2 F1：　测站设置 F2：　后视点设置 F3：　碎部点
② 按“F1”(测站设置)键，显示点号选择界面[a]	PT＃ > ID： Ins. Hi：　1.000m 输入　查找　记录　NEZ
③ 按“F4”(NEZ)键，实现坐标数据输入显示	N > 0.000 m E 0.000 m Z 0.000 m 输入　—　—　确认
④ 按“F1”(输入)键，输入坐标值，按“F4”(确认)键[b]	N 123.456 m E 987.654 m Z=－1.68 m 数字　—　—　确认

续表

操作步骤	显示
⑤ 按“F4”(确认)键,进入点号输入界面,输入测站点存储点号,按“F4”(确认)键	测站 PT＃： 输入　　　　确认
⑥ 输入 Ins. Hi(仪器高)、PCODE(编码登记号),按“F3”(记录)键	PT＃：　F001 ID：　SYG Ins. Hi>1.000 m 输入　查找　记录　NEZ

a.“>”所指示的为当前可以输入的项。输入完该项后,按“F4”(确认)键后,“>”下移,按“F1”(输入)键继续输入当前项。如果该项不需要输入,按“▼”(下移)键跳过。

b. 手工输入坐标时,点号输入在坐标输入之后提示。

3.5.7　设置后视点

1. 利用内存中的坐标设置

在利用内存中的坐标设置后视点前,应确认全站仪显示数据采集菜单界面。具体操作如表 3-29 所示。

表 3-29　全站仪利用内存中的坐标设置后视点操作

操作步骤	显示
① 按“F2”(后视点设置)键	BS＃ > ID ： Ref. Hr：　0.000 m 输入　后视　测量　置零
② 按“F2”(后视)键,实现后视点设置显示	后视 BS＃ ： 输入　列表　NE　确认
③ 按“F1”(输入)键,输入点号[ab]	后视 点号：　F002 输入　列表　——　确认

续表

操作步骤	显示
④ 按“F4”(确认)键	后视 PT＃： F002 输入 列表 NE 确认
⑤ 按“F4”(确认)键。 ⑥ 照准后视点，按“F3”(是)键返回放样菜单	方位角设置 HL： 283° 25′ 33″ ＞照准？ 是 否

a. 可以按“F2”(列表)键查看坐标点数据。
b. 按“F3”(NE)键，实现直接输入坐标数据显示。

2. 直接输入后视点坐标

在直接输入后视点坐标前，应确认全站仪显示后视点菜单界面。具体操作如表 3-30 所示。

表 3-30 全站仪通过直接输入后视点坐标设置后视点操作

操作步骤	显示
① 按“F1”(输入)键，输入存储点号、编码、棱镜高	BS＃ ＞ ID： Ref. Hr： 0.000 m 输入 后视 测量 置零
② 按“F2”(后视)键，进入后视点设置显示[a]	后视 BS＃ ： 输入 列表 NE 确认
③ 按“F3”(NE)键[a]	后视 N＞0.000 m E：0.000 m 输入 列表 AZ 确认
④ 按“F1”(输入坐标)键[b]	后视 N：123.450 m E＝987.640 m 数字 — — 确认

续表

操作步骤	显示
⑤ 按"F4"(确认)键。 ⑥ 照准后视点,按"F3"(是)键,返回放样菜单	方位角设置 HL :283°25′33″ >照准?　　是　否

a. 每按一下"F3"键,输入后视定向角方法与直接利用内存中的坐标数据设置后视点和直接键入后视点坐标数据依次切换。

b. ">"所指示的为当前可以输入的项。输入完该项后,按"F4"(确认)键后,">"下移,按"F1"(输入)键继续输入当前项。如果该项不需要输入,按"▼"(下移)键跳过。

3. 直接输入设置角

在直接输入设置角前,应确认全站仪显示放样菜单界面。具体操作如表 3-31 所示。

表 3-31　全站仪直接输入设置角操作

操作步骤	显示
① 按"F2"(后视点设置)键,显示点号选择界面	后视 PT#: 输入　列表　NE　确认
② 按"F3"(NE)键,实现后视点坐标输入显示[a]	后视 N>0.000 m E:　0.000 m 输入　列表　AZ　确认
③ 按"F3"(AZ)键,实现后视角输入显示	后视 HL: 输入　列表　PT#　确认
④ 按"F1"(输入)键,输入后视角度值 123°16′18″,按"F4"(确认)键	后视 HL=123.1618 数字　—　—　确认
⑤ 按"F4"(确认)键。 ⑥ 照准后视点,按"F3"(是)键返回放样菜单	方位角设置 HL:　283°　25′　33″ >照准?　　是　否

a. 每按一下"F3"键,输入后视定向角方法与直接键入后视点坐标数据和点号调用依次切换。

项目 4

建筑物的轴线测设

任务4.1 设计施工控制网

无论是城市控制网还是为测绘工程专用图所建立的控制网，往往是从测图角度考虑的，一般不适应施工测设的需要，且常有相当数量的控制点在场地布置和平整中被毁掉，或因建筑物的修建成为互不通视的废点。因此，在工程施工之前，一般在建筑场地需要在原测图控制网的基础上，建立施工控制网，作为工程在施工和运行管理过程中测量的依据。

4.1.1 施工控制网的形式

施工平面控制测量的任务是建立平面控制网。由于工程性质、场地的大小和地形情况不同,建筑工程施工控制网有不同的形式。在面积不大的居住建筑小区中,常布置一条或几条基准线,用于施工测量的平面控制,称为建筑轴线或建筑基线;在一般大中型民用或工业建筑场地中,多采用方格网形式的控制网,这种控制网称为建筑方格网或建筑矩形网;在一些大型工业场地中,由于地形条件、工期紧迫或分期施工等原因,不便于一次建立整个场地的建筑方格网时,可先在整个场区内建立"一"字形或"十"字形的中轴线系统,作为以后建立各局部方格网的依据;在沿江河或受地形限制的建筑场地中,则可建立多边形导线作为施工控制的依据;对于山区建筑场地,一般多依山傍谷分散建筑,可充分利用原有测图控制网作为施工放样的依据。总之,施工控制网的形式应与建筑总平面图的布局相一致。

关于各类建筑工程的施工控制网的精度,目前全国尚无统一规定。城市中的民用建筑工程,施工控制网的相对精度约为1/5000,点位误差约为±5 cm(相当于二级导线的精度)。实践说明,这个精度完全能够满足建筑物和与其相配套的区域管线及道路的定位要求。关于工业建筑施工控制网的精度,根据《冶金建筑安装工程施工测量规范》(YBJ 212—1988)规定,边长相对精度为1/20 000,它是从测定工业场地中皮带通廊、各种工业管道等线状建筑或构筑物的要求提出的。工业建筑种类繁多,施工控制网的精度应参照不同工程的有关规范确定,不能一概而论。

4.1.2 施工坐标系与测量坐标系的坐标变换

设计人员习惯用独立坐标系进行设计。坐标原点通常选在工业场地以外的西南角上,这样场地范围内点的坐标都是正值。坐标轴平行或垂直于主轴线,因此同一矩形建筑物相邻两点间的长度可以方便地由坐标差求得,用西南角和东北角两个点的坐标就可确定矩形建筑物的位置和大小。同样建筑物的间距也可由坐标差求得。这种便于设计的坐标系称为建筑坐标系或施工坐标系。

放样要用到控制点,这些控制点或许已具有国家或城市系统的大地坐标。施工坐标系与测量坐标系往往不一致,为了放样,必须把待放样点的设计坐标换算成大地坐标或者把控制点的大地坐标换算为建筑坐标。总之,在施工测量过程中经常会遇到坐标换算工作。

坐标换算关系图如图4-1所示。设x_P、y_P为P点在测量坐标系内的坐标,A_P、B_P为P点在施工坐标系内的坐标,$x'_O y'_O$为施工坐标系的原点O'在测量坐标系内的坐标,α为施工坐标系的坐标纵轴A在测量坐标系中的坐标方位角,则两个系统的坐标可按下式相互变换:

$$\left.\begin{aligned} x_P &= x'_O + A_P\cos\alpha - B_P\sin\alpha \\ y_P &= y'_O + A_P\sin\alpha + B_P\cos\alpha \end{aligned}\right\} \tag{4-1}$$

或

$$\left.\begin{aligned} A_P &= (x_P - x'_O)\cos\alpha + (y_P - y'_O)\sin\alpha \\ B_P &= -(x_P - x'_O)\sin\alpha + (y_P - y'_O)\cos\alpha \end{aligned}\right\} \tag{4-2}$$

式中:x'_O、y'_O和α可在建筑总平面图上查取。

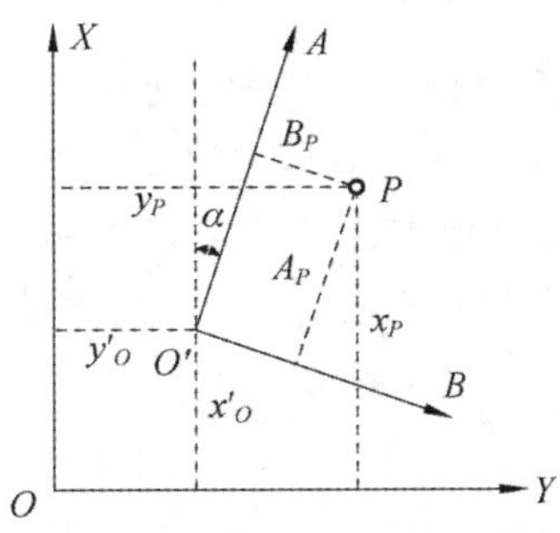

图 4-1　坐标换算关系图

有时坐标值的数字较大，应用上述公式计算不便。此时，可用下列公式换算 i、j 两点的坐标差：

$$\left.\begin{aligned}\Delta x_{ij} &= \Delta A_{ij}\cos\alpha - \Delta B_{ij}\sin\alpha \\ \Delta y_{ij} &= \Delta A_{ij}\sin\alpha + \Delta B_{ij}\cos\alpha\end{aligned}\right\} \tag{4-3}$$

或

$$\left.\begin{aligned}\Delta A_{ij} &= \Delta x_{ij}\cos\alpha + \Delta B_{ij}\sin\alpha \\ \Delta B_{ij} &= -\Delta x_{ij}\sin\alpha + \Delta y_{ij}\cos\alpha\end{aligned}\right\} \tag{4-4}$$

式中：$\Delta x_{ij}=x_j-x_i$；$\Delta A_{ij}=A_j-A_i$；$\Delta y_{ij}=y_j-y_i$；$\Delta B_{ij}=B_j-B_i$。

任务4.2 建立建筑方格网

施工控制网的建立工作应在施工准备初期进行，要力争尽早完成，以资主动。在整个施工过程中，控制点的标志常遭到碰动或损坏。因此，除桩点理设要牢固、地面标志明显和设立护桩外，还要做好经常的检测和维护工作。这里主要介绍建筑物轴线和建筑方格网的测设工作。

4.2.1　建筑轴线的布置

建筑轴线的布置主要根据建筑物的分布、场地的地形和原有控制点的情况而定。建筑轴线应临近主要建筑物且平行于主要建筑物的轴线，以便采用直角坐标法进行放线。图 4-2 是常用的几种建筑轴线形式：图(a)中 WOE 是“一”字形建筑轴线；图(b)中 NOE_1E_2 是“L”字形建筑轴线；图(c) 中 NOS 与 WOE 构成“十”字形建筑轴线，图(d)中 $N_1O_1S_1$、$N_2O_2S_2$ 与 WO_1O_2E 构成“卄”形建筑轴线。

布设建筑轴线时应该注意以下几点。

(1) 建筑轴线应平行或垂直于主要建筑物的轴线。

(2) 建筑轴线主点间应相互通视，边长为 100～400 m。

(3) 主点在不受挖土损坏的情况下，应尽量靠近主要建筑物，且平行于主体建筑的主轴线。

(4) 建筑轴线的测设精度应满足施工放样的要求。

(5) 建筑轴线点应不少于三个，以便检测建筑轴线点有无变动。

为了能长期保留，各建筑轴线点位应避开地下管线施工位置，选在相互通视而又不受施工影响的地带上，要埋设永久性的混凝土桩，桩基要在冰冻线以下，桩顶要低于该处场地设计标高 0.1～0.2 m。

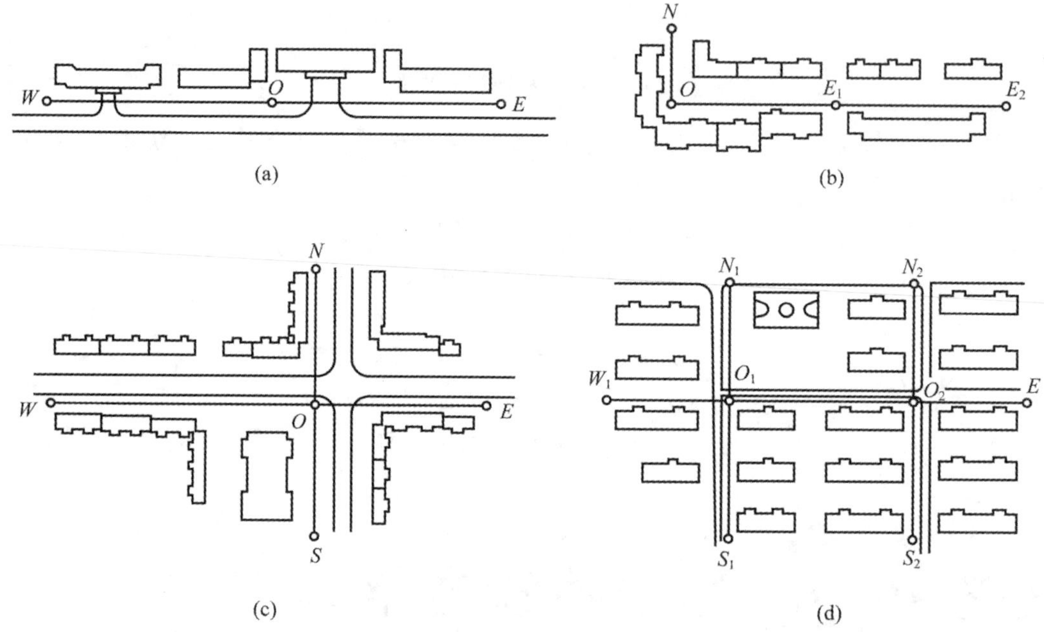

图 4-2　建筑轴线的布设形式

4.2.2　建筑方格网的建立

1. 建筑方格网的设计

设计原则如下。

(1) 根据实际地形设计建筑方格网，使控制点位于测角、量距比较方便的地方，并使埋设标桩的高程与场地的设计标高相差不多。

(2) 控制点便于保存，尽量避免土石方的影响。

(3) 建筑方格网的边长一般为 100～500 m，也可根据测设的对象而定；方格点的密度根据实际需要而定，相邻方格点之间应通视良好。

(4) 方格网各交角应严格成 90°。

(5) 当场地面积较大时，应分两级布网。首级可采用“十”字形、“口”字形或“田”字形，然后加密方格网。若场地面积不大，则尽量布设成全面型建筑方格网。

(6) 最好将高程控制点与平面控制点埋设在同一块标石上。图 4-3 所以为某建筑现场的标志图，图中央的“＋”表示方格点(平面控制点)，旁边的“○”表示高程控制点。

图 4-4 所示为设计的建筑方格网，POQ 和 MON 为它的主轴线，主轴线是指建设区域内主要建筑物的轴线，或与原有的主要建筑物的轴线平行。O、P、Q、M、N 为主点。主点设置好后，即可以主点为依据测设其他各方格点。其他轴线夹角与 90°之差不应超过±20″，其他各格网边长测设误差不应于大于 1/8000。

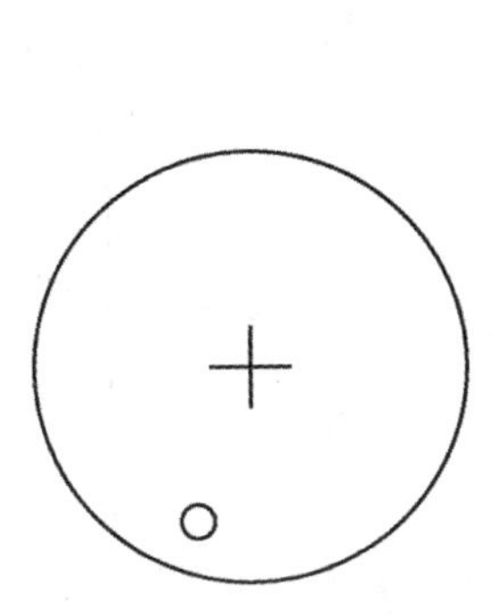

图 4-3　方格网点标石平面图

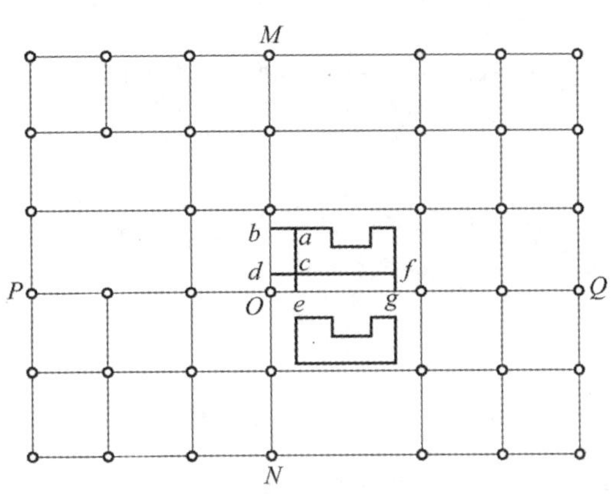

图 4-4　建筑方格网

在上述要求下，建筑方格网图形应尽可能简单，矩形形状大致相同，尽可能使多数方格边在一条直线上，减少结点，尽量减少不规则的图形。

2. 建筑方格网的测设

建筑方格网测设一般按主轴线点和轴线加密点分别测设的步骤进行。

当场地上有两条或多条主轴线时，可以分别建立建筑方格网。但从测量观点来看，所建立的建筑方格网应连成一个整体。求得两个建筑方格网坐标系之间的换算关系，从而确保相邻建筑方格网之间的联系。

建立建筑方格网时，也必须考虑施工组织计划。假使工地上先修筑正式道路，则方格点宜设计在道路交叉口中央，并宜待交叉口的正式路面修成后再建立正式的精度较高的建筑方格网。建筑方格网点位用永久标石标定。若方格点设计在人行道上或绿化带内，则应考虑到在该地带埋设地下管线的影响。还必须注意不要让施工用的临时建筑物、施工机械、施工材料场等盖住了方格点或阻碍方格点间的通视。方格点主要是为施工建设服务的，所以应加强与施工人员的联系，把方格点的位置向施工人员交代清楚，使施工人员关心并保护这些方格点。

1）场地主轴线的测设

当场地只有一条主轴线（或一对互相垂直的主轴线）时，放样主轴线的误差将关系到整个建筑方格网相对于实地地形、地物的位置是否正确，也即影响建筑物作为整体相对于地形位置是否正确。现代工业企业对车间内部诸机器设备要求相对位置很精确，有时只允许误差为 1 毫米，对相邻车间的相对位置要求略低一些，允许误差通常为 10 厘米左右。即使有工艺流程联系的相邻车间之间位置误差通常也允许达几厘米。至于整个企业相对于原有地物地形的关系，对于新建厂矿来说允许误差更大，可达几分米。因此，放样新建厂主轴线所需的数据可以从地形图上图解取得。虽然放样场地主轴线绝对位置的精度要求不高，但是绝对不允许产生粗差（错误），以免造成重大工程事故。

为了确定主轴线的位置，至少需要 2 个点，但为了避免粗错，一般要放样 3～5 个点来确定工业场地的主轴线，如图 4-5 所示。

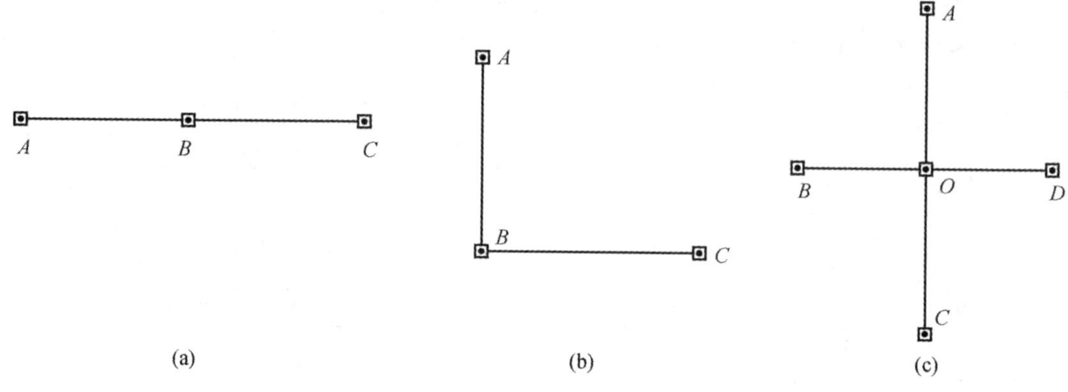

图 4-5 主轴线上的主点

场地主轴线放样具体步骤如下。

(1) 准备放样数据。

可以从地形图上量取待放样轴线点的图解坐标，再利用临近控制点的坐标计算放样数据。也可以直接从地形图上量取极坐标法放样所需的角值和距离。

(2) 利用控制点实地放样轴线点。

通常应利用更高一级的控制点，采用任何一种点位测设方法来放样轴线上的点。

(3) 检测和归化。

为了防止粗差，必须进行检测，一般在中心点上测角，根据实测角与理论角(90°或 180°)的差数来判断放样是否正确。有图解的放样数据含有误差，所以实测角必然与理论角不符合。因此，检测角时的重要任务是确定区分正常误差与粗差的界限，即决定实测角与理论角差数的限值。

如何确定角差的限值呢？对此，应从具体条件出发进行分析，当放样数据采用图解方法取得时，角差将主要由图解数据的误差决定。如图 4-6 所示，设图解主轴线轴线点坐标的误差为 Δ，轴线点的间距为 S，则轴线点图解坐标误差 Δ 引起的角度误差 m_β 可用下式求得：

$$m_\beta = \frac{\sqrt{3} \cdot \Delta}{S} \cdot \rho \tag{4-5}$$

若取 3 倍中误差作为区分误差与错误的界限，则限差 Δ_β 为

$$\Delta_\beta = 3m_\beta \approx \frac{5 \cdot \Delta}{S} \cdot \rho \tag{4-6}$$

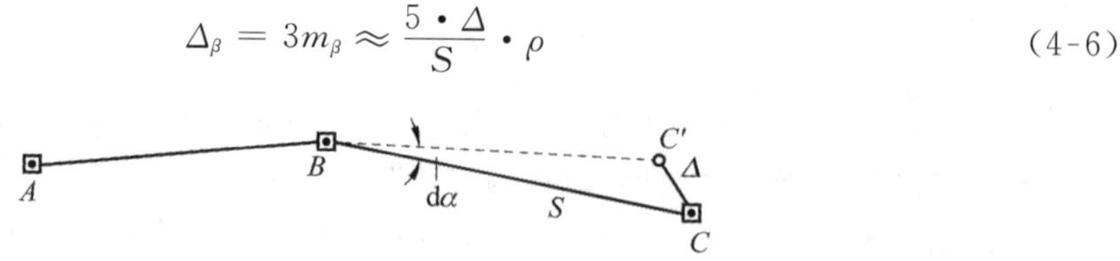

图 4-6 主点的位置偏高

［例］ 设在 1∶500 地形图上图解量取放样数据时，可认为 $\Delta_{图}=0.3$ mm，折合实地 $\Delta=0.15$ m，又设 $S=500$ m，则按式(4-6)可算得限差 $\Delta_\beta=\pm 5'$。

也就是说，在上述例子中，实测角值与理论值之差数小于 5′时，可认为轴线点放样正确。

再强调一下，虽然对主轴线放样精度要求不高，但是决不允许产生粗错。例如，准备放样数据或具体放样工作中弄错正负号，实地放样时用错已知点位，就可能使整个工地远离设计位置。

经检验证明，建筑轴线点放样无错后，就可做归化改正，使三点在一直线上。

主点位置的归化改正如图 4-7 所示。A、B、C 三点都归化一小段距离 ε，分别移至 A'、B'、C'，则 ε 值可按下式计算：

$$\varepsilon=\frac{1}{2}\cdot\frac{S_1\cdot S_2}{S_1+S_2}\cdot\frac{(180^\circ-\beta)}{\rho} \tag{4-7}$$

点位归化以后还必须测角检核，以防归化出错。

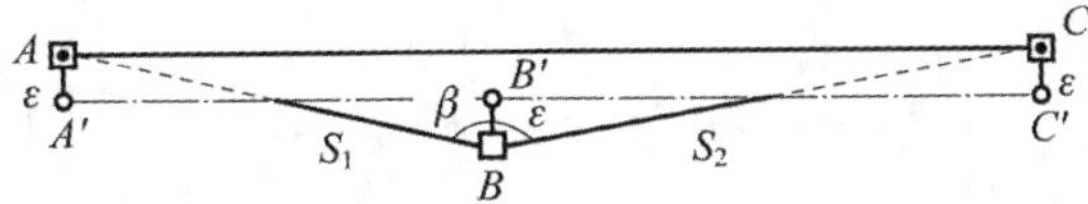

图 4-7　主点位置的归化改正

2) 放样方格点

放样方格点的方法总的说来分两种，即直接法和归化法。在讨论归化之前，宜对直接法有所了解。

(1) 直接法。

直接放样方格点如图 4-8 所示。图 4-8(a)所示为已建立的十字形主轴；接着沿主轴精确量距，边量距边放样轴线上的方格点(见图 4-8(b))；然后在两轴之端点上放样 90°角，交会出四个角点(见图 4-8(c))；再沿周边精确量距，同时放样周边的方格点作为闭合差的配赋，直至已放样的方格点围成的四个矩形呈“田”字形。矩形内部的一些方格点用经纬仪按方向线交会法求得(见图 4-8(d))。

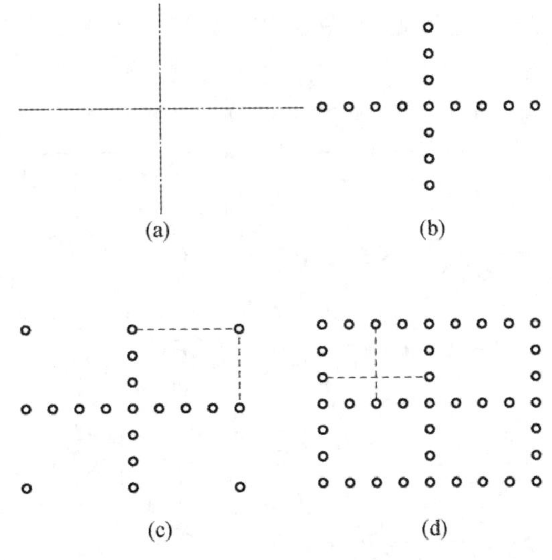

图 4-8　直接放样方格点

直接法操作简单，但它要求建筑方格网形状规整，场地上有良好的通视条件，且测角量距误差积累产生闭合差时处理不方便。

（2）归化法。

用归化法放样方格点可避免上述缺点，具体做法如下。

① 放样过渡点。

一种方法是用直接法以比较低的精度放样诸方格点（过渡点）。

放样过渡点时主要应考虑到接着要测量过渡点的坐标，因此要考虑相邻点间的通视良好、设站方便。有时过渡点可以偏离设计位置数米甚至几十米远。

如果工地上在建立建筑方格网之前保存着大量测绘地形图时留下来的图根点，则可以直接利用它们放样出全部方格点的过渡点位。这时不必先做主轴线的放样。

利用图根点的放样数据可以从图上量取过渡点，也可以按图根点坐标及方格点的设计坐标解析计算得出过渡点。

如果地形较符合现状，且有大量明显地物点，则过渡点在实地的位置可以凭它们与邻近地物点的关系用距离交会法定出来。如果地物点足够多，则可在实地用目测估计距离和方位来找到设计方格点实地的大致位置。

过渡点位用临时桩标定，这些桩位要保存到埋好方格点的永久性标石为止。

② 测量过渡点的坐标。

为了求得一大批过渡点的精确坐标，可以采用任何一种控制测量方法——三角测量方法、导线测量方法、交会法等，也可以联合应用几种方法来测量。这主要取决于现场条件和测量的技术状况。

③ 归化。

算得过渡点的精确坐标（它们一般不等于这些方格点的设计坐标）后，要准备归化数据，即计算各过渡点的归化值（$\Delta x = x_{设} - x_{测}$，$\Delta y = y_{设} - y_{测}$），并到实地去归化点位。这样，在实地上就可得到归化后的设计点位，并设置临时桩。

④ 检测。

归化后的点应该落在设计位置上，相邻边的夹角应该等于90°或180°。为了减少检测工作量，可以像图4-9那样跳点设站测角。检测可以发现工作中的差错，必须认真做好。如果检测没有发现错误，则检测资料也可反映方格点放样的精度。

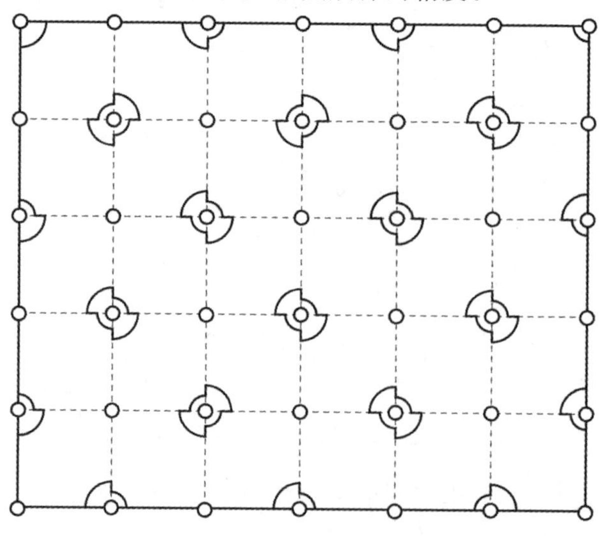

图4-9 跳点设站示意图

⑤ 埋永久性标石。

求得正确的点位后要埋设永久性标石。通常在埋石前在点位旁设四个木桩，相对两桩顶的连线应该通过点位的中心，两条十字连线可以精确地确定点位。这四个木桩俗称骑马桩。设好骑马桩后再掘土，挖掉点位上的临时性标石。待永久性标石稳定以后再利用骑马桩在标石顶部精确设置标志。

3. 建筑方格网的加密

当工业场地较大时，一下子测定全部方格点工作量太大，这时可以先测定方格边较稀疏格网的点，然后在这些稀疏点的控制下，逐步加密方格点。

一般常用方向线交会法或后方交会归化法来加密方格点。

当用方向线交会法加密时，如图 4-10(a)所示，将仪器架于待加密的点 $A,B,C,\cdots$ 上，两条对角线方向相交即得一个加密方格点，从而可得 $a,b,c,\cdots$，然后在 $aBbF$ 小方格内用两对角线方向交会加密 1,2,3,…方格点，这样就可以把方格点加密约一倍(方格边长缩小至原来的 1/2)。

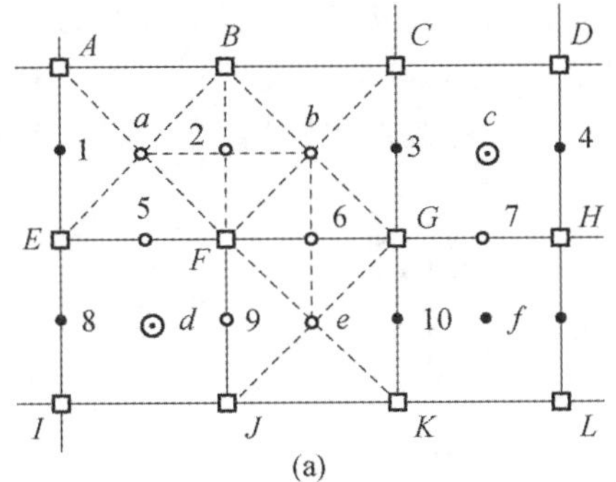

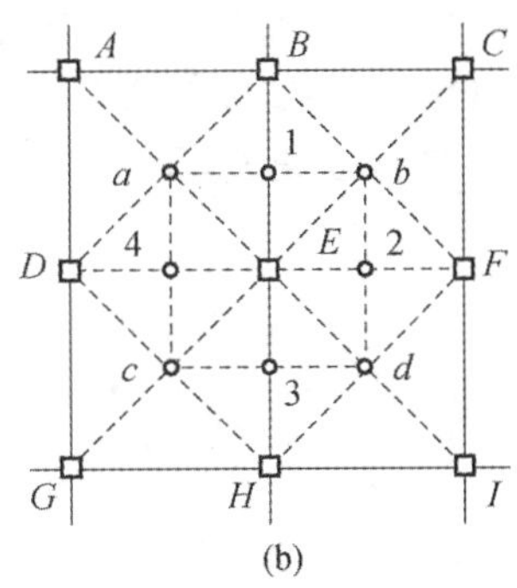

图 4-10 方格点加密

当用后方交会归化法加密时，如图 4-10(b)所示，将仪器架于待加密的点 $a,b,\cdots$ 上，观察方格四角的方向值，从而可求得测站点偏离设计位置的值。归化后即可求得加密点的正确位置，由于 $A,B,C,\cdots$ 位置已归化好，所以用后方交会归化法加密时，相应的数据计算工作比较简单。

任务4.3 测设建筑物的主轴线

主轴线是建筑物细部位置放样的依据，施工前，应在建筑场地测设建筑物的主轴线。

4.3.1 建筑物主轴线的布设形式

根据建筑物的布置情况和施工场地实际条件，建筑物的主轴线可布置成图 4-11 所示各种形式。

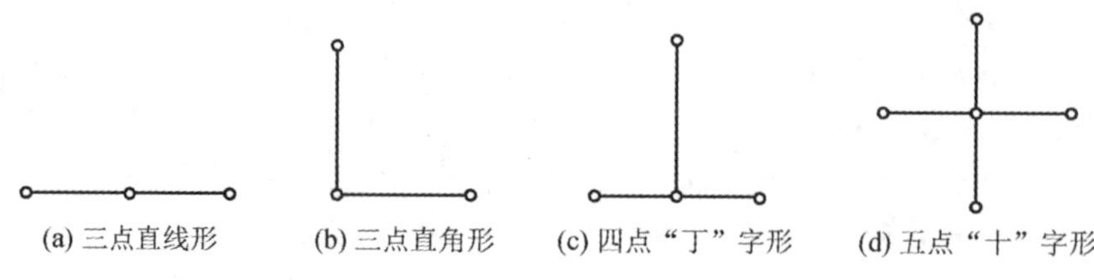

图 4-11　建筑物主轴线的布设形式

无论采用何种形式，建筑物主轴线上的点数不得少于 3 个。

4.3.2　根据建筑红线测设建筑物的主轴线

在城市建设中，新建建筑物均由规划部门给设计施工单位规定建筑物的边界位置。限制建筑物边界位置的线称为建筑红线。建筑红线一般与道路中心线相平行。

在图 4-12 中，设Ⅰ、Ⅱ、Ⅲ三点为地面上测设的场地边界点，则它们的连线Ⅰ—Ⅱ、Ⅱ—Ⅲ称为建筑红线。建筑物的主轴线 *AO*、*OB* 就是根据建筑红线来测定的，由于建筑物的主轴线和建筑红线平行或垂直，所以用直角坐标法来测设建筑物的主轴线就比较方便。

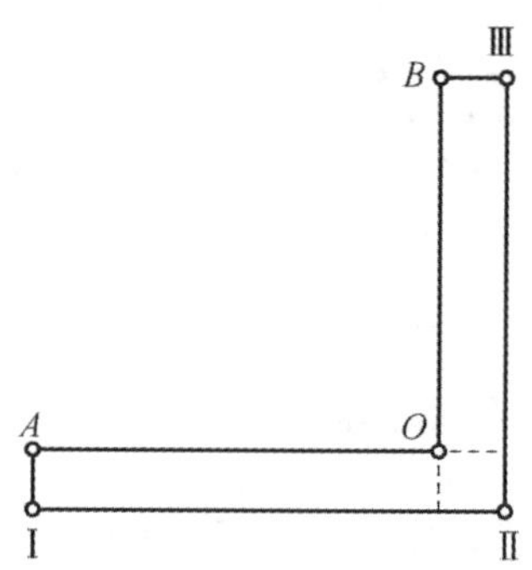

图 4-12　根据建筑红线测设建筑物的主轴线

当 *A*、*O*、*B* 三点在地面上标出后，应在 *O* 点架设经纬仪，检查∠*AOB* 是否等于 90°。*OA*、*OB* 的长度也要进行实量检核，如果误差在容许范围内，则可做合理的调整。

4.3.3　根据已有建筑物测设建筑物的主轴线

在现有建筑群内新建或扩建时，设计图上通常给出拟建建筑物与原有建筑物或道路中心线的位置关系数据，建筑物的主轴线就可根据给定的数据在现场测设。图 4-13 中所表示的是几种常见的情况，画有斜线的为原有建筑物，未画斜线的为拟建建筑物。

图 4-13(a)中拟建建筑物的轴线 *AB* 在原有建筑物轴线 *MN* 的延长线上。测设直线 *AB* 的方法如下：先作 *MN* 的垂线 *MM'* 及 *NN'*，并使 *MM'*＝*NN'*，然后在 *M'* 处架设经纬仪作 *M'N'* 的延长线 *A'B'*，再在 *A'*、*B'* 处架设经纬仪作垂线得 *A*、*B* 两点，两点的连线 *AB* 即为所要确定的直线。一般也可以用线绳紧贴 *MN* 进行穿线，在线绳的延长线上定出 *AB* 直线。

图 4-13(b)是按上法定出 *O* 点后转 90°，根据坐标数据定出 *AB* 直线。

图 4-13(c)中，拟建建筑物平行于原有的道路中心线，测法是：先定出道路中心线位置，然后用经纬仪作垂线，定出拟建建筑物的主轴线。

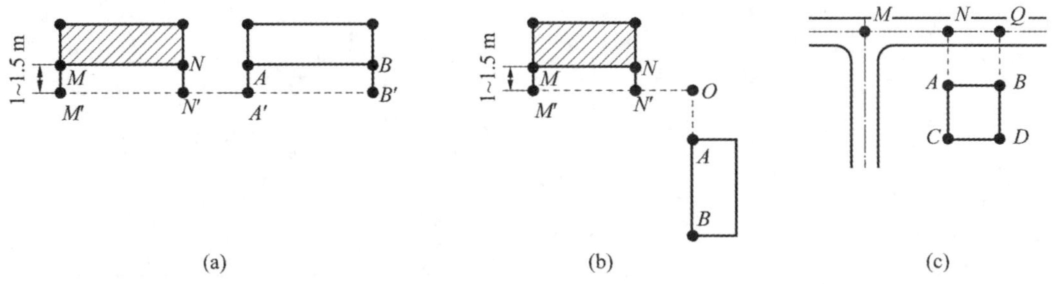

图 4-13 根据已有建筑物测设建筑物的主轴线

4.3.4 根据建筑方格网测设建筑物的主轴线

当施工现场有建筑方格网时，可根据建筑物各角点的坐标测设建筑物的主轴线。

任务4.4 建筑物的轴线投测

4.4.1 高层建筑物施工投测基本知识

高层建筑物施工投测中的主要问题是控制垂直度，就是将建筑物的基础轴线准确地向高层引测，并保证各层相应轴线位于同一竖直面内，控制竖向偏差，使轴线向上投测的偏差值不超限。

轴线向上投测时，要求竖向误差在本层内不超过 5 mm，全楼累计误差值不应超过 $2H/10\ 000$(H 为建筑物总高度)，且不应大于：30 m$<H\leqslant$60 m 时，10 mm；60 m$<H\leqslant$90 m 时，15mm；90 m$<H$ 时，20 mm。

高层建筑物轴线的竖向投测方法主要有外控法和内控法两种。

1. 外控法

外控法是在建筑物外部，利用经纬仪，根据建筑物轴线控制桩来进行轴线的竖向投测，也称作经纬仪引桩投测法。具体操作方法如下。

(1) 在建筑物底部投测中心轴线位置。

高层建筑的基础工程完工后，将经纬仪安置在轴线控制桩 A_1、A_1'、B_1 和 B_1'上，把建筑物的主轴线精确地投测到建筑物的底部，并设立标志，如图 4-14 中的 a_1、a_1'、b_1 和 b_1'，以供下一步施工与向上投测用。

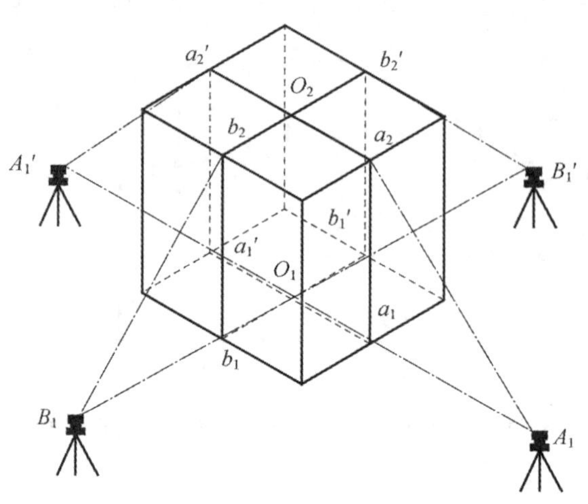

图 4-14　向上投测中心线

(2) 向上投测中心线。

随着建筑物不断升高，要逐层将轴线向上传递，如图 4-14 所示，将经纬仪安置在中心轴线控制桩 A_1、A_1'、B_1 和 B_1'上，严格整平仪器，用望远镜瞄准建筑物底部已标出的轴线 a_1、a_1'、b_1 和 b_1'点，以盘左和盘右分别向上投测到每层楼板上，并取其中点作为该层中心轴线的投影点，如图 4-14 中的 a_2、a_2'、b_2 和 b_2'。

(3) 增设轴线引桩。

当楼房逐渐增高，而轴线控制桩距建筑物又较近时，望远镜的仰角较大，操作不便，投测精度也会降低。为此，要将原中心轴线控制桩引测到更远的安全地方，或者附近大楼的屋面。具体做法如下。

将经纬仪安置在已经投测上去的较高层(如第八层)楼面轴线 a_8a_8'上，如图 4-15 所示，瞄准地面上原有的轴线控制桩 A_1 和 A_1'点，用盘左、盘右分中投点法，将轴线延长到远处 A_2 和 A_2'点，并用标志固定其位置，A_2、A_2'即为新投测的 A_1A_1'轴控制桩。

对于更高各层的中心轴线，可将经纬仪安置在新的引桩上，按上述方法继续进行投测。

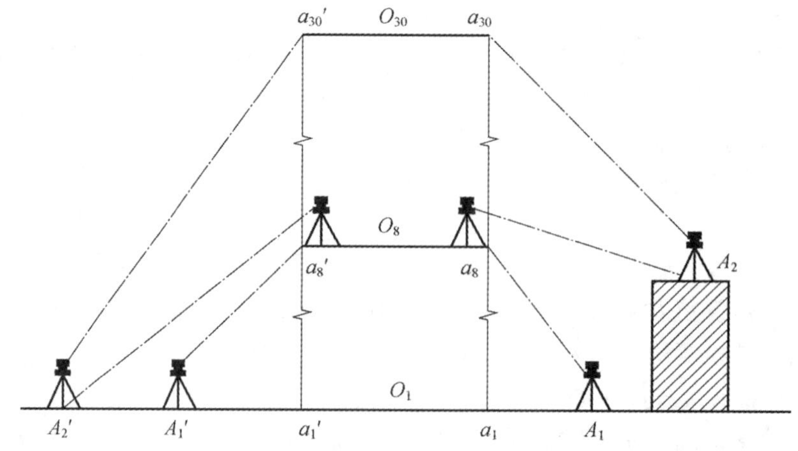

图 4-15　增设轴线引桩

2. 内控法

内控法是在建筑物内±0平面设置轴线控制点，并预埋标志，以后在各层楼板相应位置上预留200 mm×200 mm的传递孔，在轴线控制点上直接采用吊线坠法或激光铅垂仪法，通过预留孔将其点位垂直投测到任一楼层。

(1) 内控法轴线控制点的设置。

在基础施工完毕后，在±0首层平面上适当位置设置与轴线平行的辅助轴线。辅助轴线距轴线500～800 mm为宜，并在辅助轴线交点或端点处埋设标志，如图4-16所示。

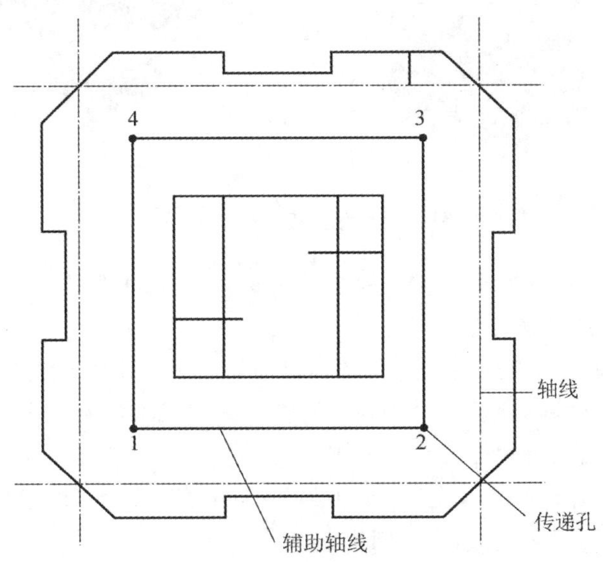

图4-16 内控法辅助轴线的设置

(2) 吊线坠法。

吊线坠法是利用钢丝悬挂垂球的方法，进行轴线竖向投测。这种方法一般用于高度在50～100 m的高层建筑施工中，垂球的质量一般为10～20 kg，钢丝的直径一般为0.5～0.8 mm。投测方法如下。

在预留孔上面安置十字架，挂上垂球，对准首层预埋标志。当垂球线静止时，固定十字架，并在预留孔四周做出标记，作为以后恢复轴线及放样的依据。此时，十字架中心即为轴线控制点在该楼面上的投测点。

用吊线坠法实测时，要采取一些必要措施，如用铅直的塑料管套着坠线或将垂球沉浸于油中，以减少摆动。

(3) 激光铅垂仪法。

① 激光铅垂仪简介。

激光铅垂仪是一种专用的铅直定位仪器，适用于高层建筑物、烟囱及高塔架的铅直定位测量。

激光铅垂仪实物图如图4-17所示。它主要由氦氖激光器、竖轴、发射望远镜、管水准器、基座、激光电源及接收屏等部件组成。

氦氖激光器通过两组固定螺钉固定在套筒内。激光铅垂仪的竖轴是空心筒轴，两端有螺扣，上、下两端分别与发射望远镜和氦氖激光器套筒相连接，二者位置可对调，构成向上或

图 4-17　激光铅锤仪实物图

向下发射激光束铅垂仪。仪器上设置有两个互成 90°的管水准器，并配有专用激光电源。

② 激光铅垂仪投测轴线方法。

a. 在首层轴线控制点上安置激光铅垂仪，利用氦氖激光器底端(全反射棱镜端)所发射的激光束进行对中，通过调节基座整平螺旋，使管水准器气泡严格居中。

b. 在上层施工楼面预留孔处放置接收靶。

c. 接通激光电源，启辉氦氖激光器，使其发射铅直激光束，通过发射望远镜调焦，使激光束会聚成红色耀目光斑，并投射到接收靶上。

d. 移动接收靶，使靶心与红色光斑重合，固定接收靶，并在预留孔四周做出标记，此时，靶心即为轴线控制点在该楼面上的投测点。

4.4.2　工业厂房控制网测设

工业建筑中以厂房为主体，一般工业厂房多采用预制构件在现场装配的方法施工。厂房的预制构件有柱子、吊车梁和屋架等。因此，工业建筑施工测量的工作主要是保证这些预制构件安装到位。具体任务有厂房矩形控制网测设、厂房柱列轴线放样、杯形基础施工测量及厂房预制构件安装测量等。

工业厂房一般都应建立厂房矩形控制网，作为厂房施工测设的依据。下面介绍根据建筑方格网，采用直角坐标法测设厂房矩形控制网的方法。

如图 4-18 所示，H、I、J、K 四点是厂房的房角点，从设计图中已知 H、J 两点的坐标。S、P、Q、R 为布置在基础开挖边线以外的厂房矩形控制网的四个角点，称为厂房控制桩。厂房矩形控制网的边线到厂房轴线的距离为 4 m，厂房控制桩 S、P、Q、R 的坐标可按厂房角点的设计坐标加减 4 m 算得。测设方法如下。

1. 计算测设数据

根据厂房控制桩 S、P、Q、R 的坐标，计算利用直角坐标法进行测设时所需测设数据，计

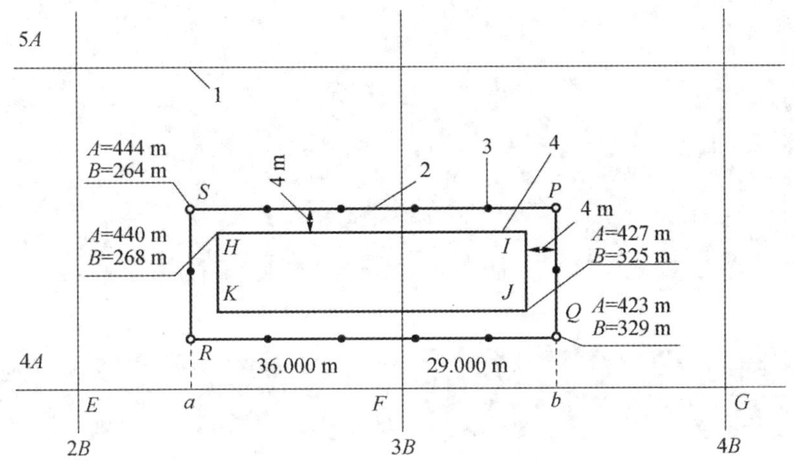

图 4-18　厂房矩形控制网的测设

1—建筑方格网；2—厂房矩形控制网；3—距离指标桩；4—厂房轴线

算结果标注在图 4-18 中。

2. 厂房控制点的测设

(1) 从 F 点起沿 FE 方向量取 36.000 m，定出 a 点；沿 FG 方向量取 29.000 m，定出 b 点。

(2) 在 a 与 b 点上安置经纬仪，分别瞄准 E 与 F 点，顺时针方向测设 90°，得两条视线方向，沿视线方向量取 23 m，定出 R 、Q 点；再向前量取 21 m，定出 S、P 点。

(3) 为了便于进行细部的测设，在测设厂房矩形控制网的同时，还应沿控制网测设距离指标桩，如图 4-18 所示，距离指标桩的间距一般等于柱子间距的整倍数。

3. 检查

(1) 检查∠S、∠P 是否等于 90°，误差不得超过±10″。

(2) 检查 SP 是否等于设计长度，误差不得超过 1/10 000。

以上这种方法适用于中小型厂房。对于大型或设备复杂的厂房，应先测设厂房控制网的主轴线，再根据主轴线测设厂房矩形控制网。

项目 5

建筑的定位与放线

学习导言

建筑物定位与放线在“建筑工程测量”课程里具有非常重要的地位，主要是教会学生正确计算放线时所需的测设数据并进行建筑物的定位与放线，为学生应用测量仪器与测量手段解决工程实际问题能力奠定基础。

学习目标

(1) 能利用原有建筑物、建筑基线或建筑方格网、建筑红线、测量控制点进行定位。

(2) 具有建筑物定位方案设计、数据计算、测量实施与精度检核方面的能力。

任务5.1 建筑物定位的方法

建筑物的定位就是在地面上确定建筑物的位置，即根据设计条件，将建筑物外廓的各轴线交点测设到地面上，得到定位桩（又称角桩），作为基础和细部放样的依据。

5.1.1 根据与原有建筑物的关系进行建筑物定位

如图5-1(a)所示，首先沿原建筑物 PM 与 QN 墙面向外量出 MM' 及 NN'，并使 $MM'=NN'$（距离大小根据实地情况而定，一般为1～1.5 m），在地面上定出 M'、N' 两点，用小木桩（桩上钉小铁钉）标定。将经纬仪安置于 M' 点，瞄准 N' 点，并从 N' 点沿 $M'N'$ 方向测设已知距离，定出 A' 点，用相同的方法测设出 B' 点，然后分别将经纬仪安置于 A'、B' 两点上，后视 M' 点测设水平角90°，沿视线测设已知距离即可定出 A、C、B、D 四点。最后检查 A、B、C、D 四点位置是否符合精度要求。图5-1(b)、(c)可用类似方法，用直角坐标法进行放样。

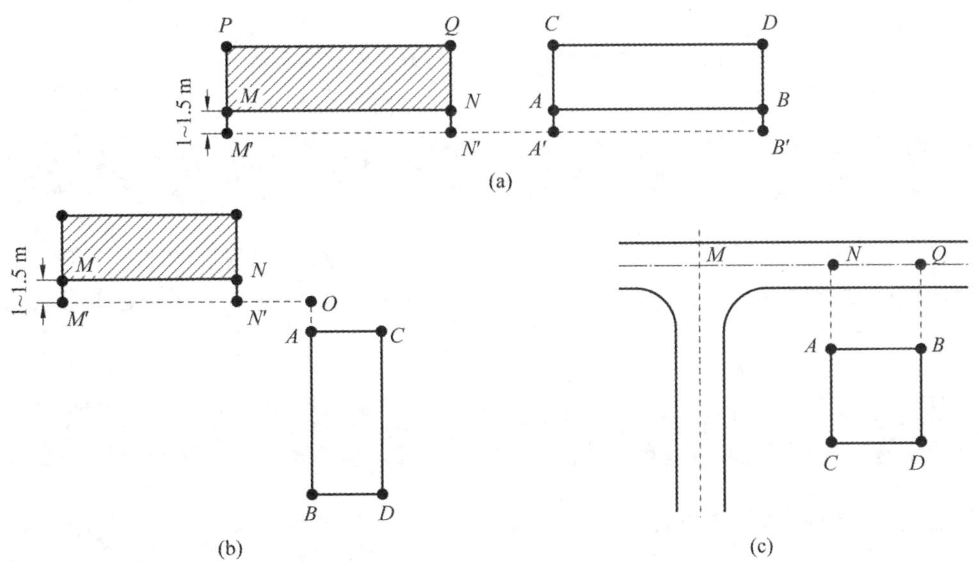

图5-1 根据与原有建筑物的关系进行建筑物定位

对于图5-2，应检查 NP 的距离是否等于25.800 m，$\angle N$ 和 $\angle P$ 是否等于90°，误差均应在允许范围内。

5.1.2 根据建筑方格网进行建筑物定位

根据建筑方格网进行建筑物定位原理如图5-3所示。

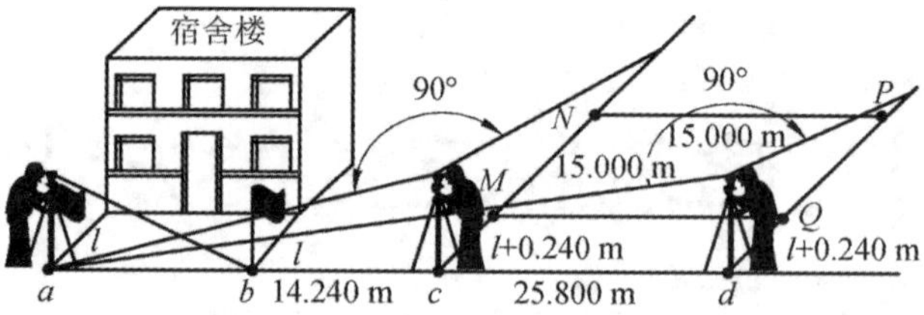

图 5-2　根据与原有建筑物的关系进行建筑物定位的结果

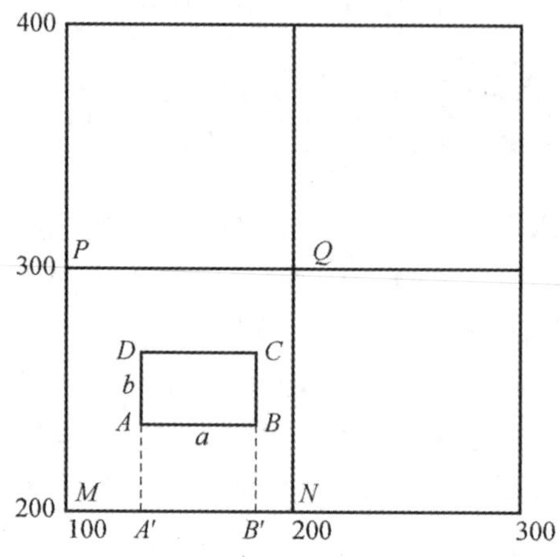

图 5-3　根据建筑方格网进行建筑物定位原理

5.1.3　根据控制点的坐标进行建筑物定位

在建筑场地附近，如果有测量控制点可以利用，应根据测量控制点的坐标及建筑物定位点的设计坐标，反算出标定角度与距离，然后采用极坐标法或角度交会法将建筑物测设到地面上。

5.1.4　根据城市规划道路红线进行建筑物定位

靠近城市道路的建筑物设计位置应以城市规划道路的红线为依据，如图 5-4 所示。

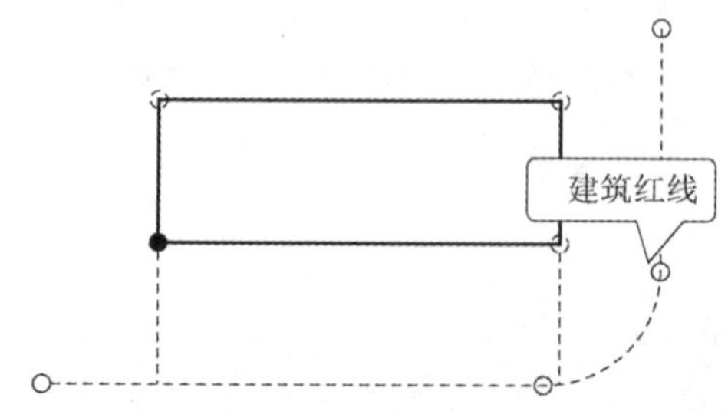

图 5-4　根据城市规划道路红线进行建筑物定位

任务5.2 对建筑物进行定位和放线

5.2.1 建筑物的定位

1. 根据与原有建筑物的关系定位

(1) 根据原有建筑物外墙延长确定建筑基线，在建筑基线上确定拟建建筑物各定位轴线的投影位置。

(2) 在定位轴线的投影点上测设直角，沿其方向量距，得各轴线交点。

(3) 检查调整：1/2000，±40″。

2. 根据建筑方格网和建筑基线定位

(1) 根据坐标值可计算出建筑物的长度和宽度及放样所需的数据。

(2) 按照直角坐标法水平距离和角度测设的方法进行定位轴线交点的测设。

(3) 检查调整：1/2000，±40″。

3. 根据城市规划道路红线定位

城建区新建建筑物根据政府部门批准的城市规划道路红线测设，主要工作如下。

(1) 放样数据的计算。

(2) 测设。

(3) 检查调整。

5.2.2 建筑物放线的基本工作

建筑物的放线是指根据定位的主轴线桩，详细测设其他各轴线交点的位置，并用木桩(桩上钉小钉)标定出来(见图 5-5，称为中心桩)，并据此按基础宽和放坡宽用白灰撒出基槽边界线，根据交点桩用白灰撒出基槽开挖边界线。

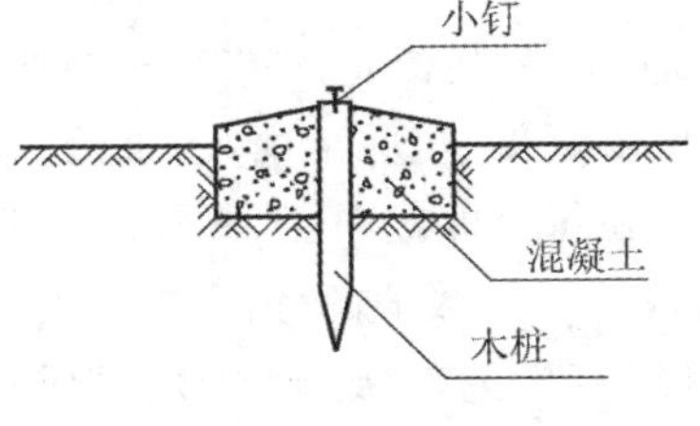

图 5-5 中心桩

在外墙轴线周边测设中心桩位置时，量距精度应达到设计精度要求；测量各轴线之间的距离时，钢尺的零点要始终对在同一点上，如图 5-6 所示。

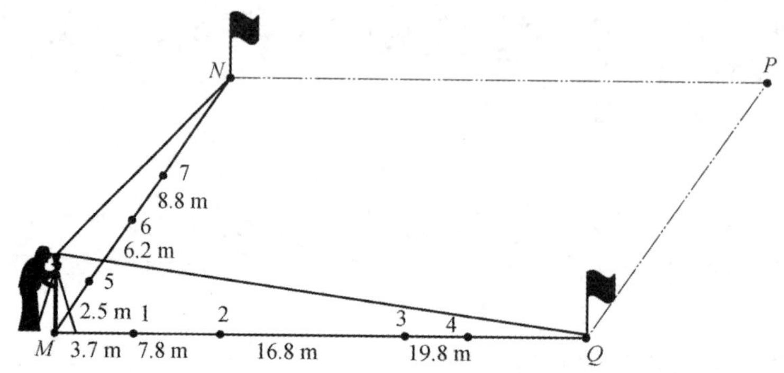

图 5-6　在外墙轴线周边测设中心桩位置

1）钉设轴线控制桩或龙门板

(1) 设置轴线控制桩。

轴线控制桩(引桩)设置在基槽外基础轴线的延长线上，作为开槽后各施工阶段恢复轴线的依据。

轴线控制桩一般钉设在基础开挖范围以外 2～4 m，不受施工干扰，便于引测和保存桩位的地方，如图 5-7 所示。也可以将轴线投测到周围建筑物上，做好标志，代替轴线控制桩。

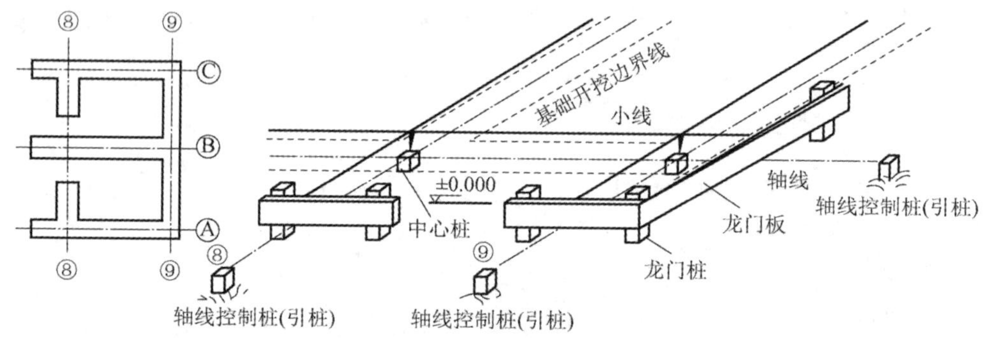

图 5-7　轴线控制桩的设置

(2) 设置龙门板。

在一般民用建筑中，常在基槽开挖边界线以外一定距离处钉设龙门板。轴线控制桩设在离建筑物稍远的地方，如果附近有已建固定建筑物，则最好把轴线投测到已建固定建筑物的顶上或墙上，并做好标志。

设置龙门板的步骤和要求如下。

① 在建筑物四角与内纵、横墙两端基槽开挖边界线以外 1～2 m(根据土质情况和挖槽深度确定)处钉设龙门桩，龙门桩要钉得竖直、牢固，木桩侧面与基槽应平行。

② 根据建筑物场地水准点，在每个龙门桩上测设±0.000 标高线。遇现场条件不许可时，也可测设比±0.000 标高高或低一定数值的标高线。

③ 沿龙门桩上测设的高程线钉设龙门板，这样龙门板顶面的标高就在一个水平面上了。龙门板标高的测定容差为±5 mm。

④ 根据轴线桩用经纬仪将墙、柱的轴线投到龙门板顶面上，并钉小钉（称为轴线钉）标明。投点容差为±5 mm。

⑤ 用钢尺沿龙门板顶面检查轴线钉的间距，它的相对误差不应超过 1/2000。经检核合格后，以轴线钉为准，将墙宽、基槽宽标在龙门板上，最后根据基槽上口宽度拉线撒出基槽开挖灰线。

龙门板的设置如图 5-8 所示。

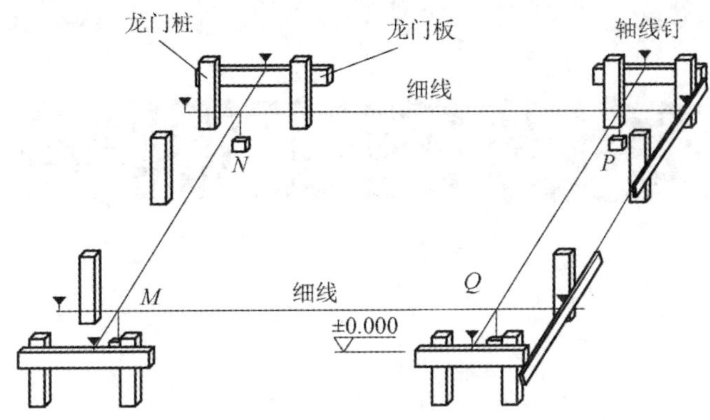

图 5-8　龙门板的设置

2）确定开挖边界线

根据基础宽和放坡宽（依据挖深与土质现场确定），用白灰撒出基础开挖边界线。

3）控制开挖深度

不得超挖，当基槽挖到离槽底 0.3～0.5 m 时，用高程放样的方法在槽壁上钉水平控制桩。

项目6 基础施工测量

任务6.1 基槽抄平

建筑施工中的高程测设又称抄平。基槽抄平操作如下。

6.1.1 设置水平桩

为了控制基槽的开挖深度，当快挖到槽底设计标高时，应用水准仪根据地面上±0.000

m点，在槽壁上测设一些水平小木桩(称为水平桩)，如图 6-1 所示，使木桩的上表面离槽底的设计标高为一固定值(如 0.500 m)。

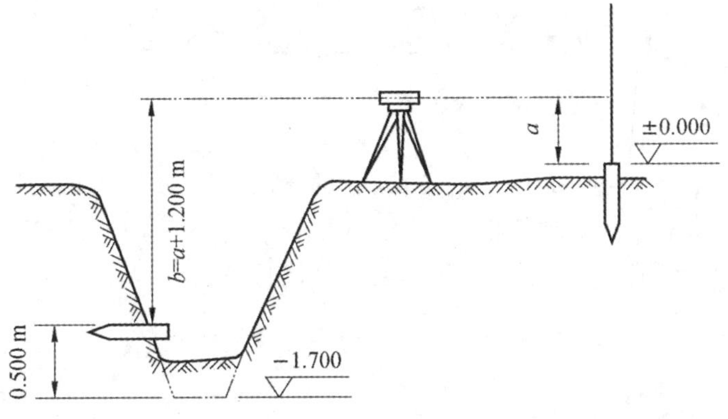

图 6-1 设置水平桩

为了施工时使用方便，一般在槽壁各拐角处、深度变化处和基槽壁上每隔 3～4 m 测设一水平桩。水平桩可作为挖槽深度、修平槽底和打基础垫层的依据。

6.1.2 水平桩的测设方法

如图 6-1 所示，槽底设计标高为－1.700 m，欲测设比槽底设计标高高 0.500 m 的水平桩，测设方法如下。

(1) 在地面适当地方安置水准仪，在±0.000 标高线位置上立水准尺，读取后视读数为 1.318 m。

(2) 计算测设水平桩的应读前视读数 $b_{应}$：

$$b_{应} = a - h = 1.318\ \text{m} - (-1.700 + 0.500)\text{m} = 2.518\ \text{m}$$

在槽内一侧立水准尺，并上下移动水准尺，直至水准仪视线读数为 2.518 m 时，沿水准尺尺底在槽壁打入一小木桩。

任务6.2 投测垫层中线

基础垫层打好后，根据轴线控制桩或龙门板上的轴线钉，用经纬仪或用拉绳挂垂球的方法，把轴线投测到垫层上，如图 6-2 所示，并用墨线弹出墙中心线和基础边线，作为砌筑基础的依据。由于整个墙身砌筑均以垫层中线为准，测设垫层中线是确定建筑物位置的关键环节，所以要严格校核墙中心线和基础边线后方可进行砌筑施工。

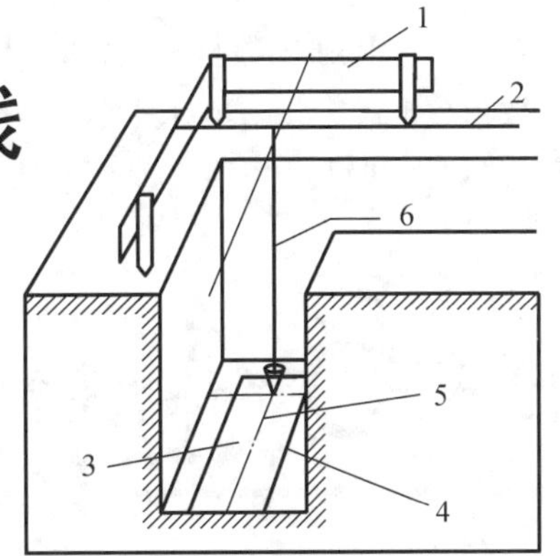

图 6-2 垫层中线的投测

1—龙门板；2—细线；3—垫层；4—基础边线；5—墙中心线；6—拉绳

任务6.3 控制基础墙标高

房屋基础墙是指±0.000 m以下的砖墙，它的高度是用基础皮数杆来控制的。

(1) 基础皮数杆是一根木制的杆子，如图6-3所示，在杆上事先按照设计尺寸，对砖、灰缝厚度画出线条，并标明±0.000 m和防潮层的标高位置。

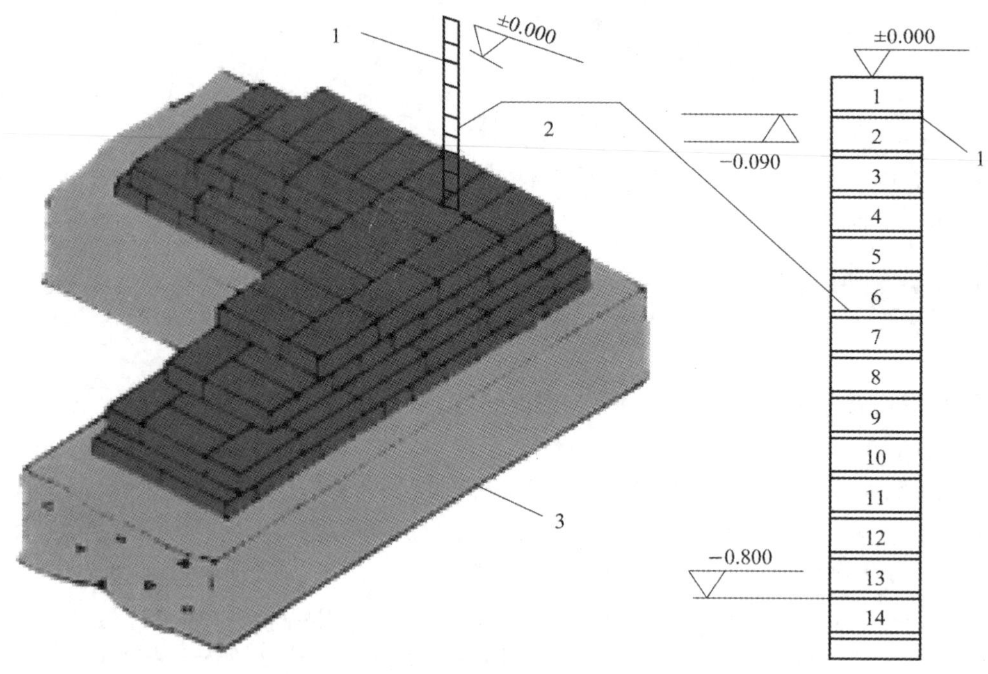

图6-3 基础墙标高的控制

1—防潮层；2—基础皮数杆；3—垫层

(2) 立基础皮数杆时，先在立杆处打一木桩，用水准仪在木桩侧面定出一条高于垫层某一数值(如100 mm)的水平线，然后将基础皮数杆上标高相同的一条线与木桩上的水平线对齐，并用大铁钉把基础皮数杆与木桩钉在一起，作为基础墙的标高依据。

任务6.4 检查基础面标高

基础施工结束后，应检查基础面的标高是否符合设计要求(也可检查防潮层)。可用水准仪测出基础面上若干点的高程并与设计高程比较，允许误差为±10 mm。

基础工程测量施工工艺标准如下。

基础工程测量施工工艺标准

1. 适用范围

本工艺适用于工业与民用建筑基础测量的实施过程。

2. 施工准备

(1) 技术准备。

① 熟悉图纸,认真阅读基础图,确定基础中柱基关系,编制测量施工方案,做好技术交底。

② 校核定位测量桩钉的轴线控制桩及高程控制点,获取相关数据资料。

③ 确定基础施工测量的内容及顺序。基础施工测量是一个重要环节,主要工作有基槽挖土的放线和抄平、基础施工的放线和抄平。

(2) 主要仪器设备:全站仪及配套棱镜、经纬仪、钢尺、水准仪及配套水准尺。

(3) 作业条件。

① 作业人员具有相当等级的测量资质。

② 仪器设备经检定合格,具有足够数量的仪器设备。

③ 轴线控制点和高程控制校验合格。

3. 施工工艺要点

1) 基槽开挖测量施工工艺

对于基槽挖土,由于定位测量已经确定了平面的开挖边界,所以主要内容是控制基槽开挖深度。一般可在基槽挖到一定深度后,用水准仪在壁上每隔 2～3 m 和拐角处设置一些水平的小木桩(平水桩,标高误差控制在±10 mm 内),这些小木桩可作为清理槽底和铺设垫层的依据。待土方挖完后,再根据控制桩复核基槽宽度和标高,合格后,可允许施工单位进行垫层施工。

2) 轴线投测施工工艺

(1) 施工方法。

轴线投测常用的方法是经纬仪正倒镜取中法。在轴线控制桩或轴线钉上安置经纬仪,正镜,以地面上的轴线控制桩定向,按经纬仪视准轴方向在施工面上标定一点;倒镜,再标定一点。若两个投影点不重合,则取中点作为轴线端的投影位置。按相同的方法标定轴线另一端的投影位置,两端投影点的连线即为一条定位轴线。

按上述方法投测出每条边界轴线,检测边界轴线交点间的距离,如果与设计数据之间的误差符合规范要求,则采用按长度配赋误差的距离内分法作出每条轴线上的轴线交点。

按设计图纸，将对应的轴线交点相连，得到全部轴线，此时基础的轴线控制网投测完毕。

（2）轴线测设步骤。

① 以正倒镜取中法投测轴线。

② 以距离内分法作出轴线交点。

③ 轴线交点连线。

（3）检验。

① 用全站仪检测边界轴线交点的平面坐标与设计坐标间的误差是否超限。

② 用全站仪检测轴线交点间的轴线距离误差是否超限。

③ 用全站仪检测轴线交点间的斜线距离误差是否超限。

3）标高的传递

（1）用水准测量法传递高程。

开挖较深的基槽可用水准测量法传递高程，如图 6-4 所示。具体做法是：在坑边架设一吊杆，从杆顶向下挂一根钢尺（钢尺零点在下），在钢尺下端吊一重锤，重锤的重量应与检定钢尺时所用的拉力相同。为了将地面水准点 A 的高程 H_A 传递到坑内的临时性水准点 B 上，在地面水准点和基坑之间安置水准仪，先在 A 点立尺，测出后视读数 a，然后前视钢尺，测出前视读数 b。接着将仪器搬到坑内，测出钢尺上后视读数 c 和 B 点的前视读数 d，则坑内临时水准点 B 之高程 H_B 按下式计算：

$$H_B = H_A + a - (b - c) - d \tag{6-1}$$

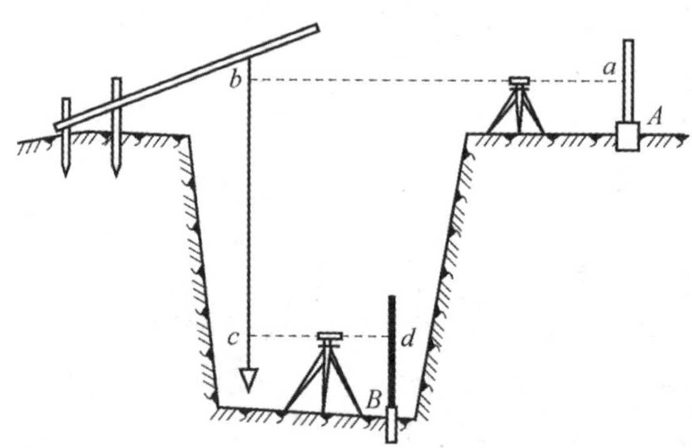

图 6-4　用水准测量法传递高程

式中 $b-c$ 为通过钢尺传递的高差，当高程传递的精度要求较高时，对 $b-c$ 之值应进行尺长改正及温度改正。图 6-4 所示是由地面向低处引测高程点的情况，当需要由地面向高处传递高程时，采用同样方法进行。

（2）用钢尺直接测量垂直高度传递高程。

开挖基槽不太深时，可设置垂直标板，将高程引测到标板上，然后用钢尺向下测量垂直高度，将设计标高直接画在标板上。这种高程传递方法既方便施工，又易于检查。当需要向建筑物上部传递高程时，可根据柱、墙下部已知的标高点沿柱或墙边向上量取垂直高度，将高程传递上去。

4）柱基施工测量

（1）混凝土基础施工测量。

轴线投测时，已经在施工面上标定了柱基的中心，根据基础图放出柱基的边界线。在支立模板时以柱基的中心线作为支模板的依据，同时用水准仪控制柱基的标高。

（2）钢柱基础施工测量。

根据柱基的中心点，在施工面上标定地脚螺栓的设计位置，同时对垫层抄平。根据垫层上和固定架上投测的中心点，把地脚螺栓安放在设计位置。为了测定地脚螺栓的标高，在固定架的斜对角处焊两根小角钢，在两角钢上引测同一数值的标高点，并刻绘标志，该标高点的高度应比地脚螺栓的设计高度稍低一些。然后在角钢上两标点处拉一细钢丝，以定出螺栓的安装高度。待地脚螺栓安好后，测出地脚螺栓第一丝扣的标高。地脚螺栓不宜低于设计标高，允许偏高＋5～＋25 mm。

（3）厂房设备基础施工测量。

设备基础施工程序有两种。一种是在厂房柱子基础和厂房部分建成后才进行设备基础施工。采用这种施工程序，必须将厂房外面的控制网在厂房砌筑砖墙之前，引进厂房内部，布设一个内控制网，作为设备基础施工和设备安装放线的依据。另一种是厂房柱基与设备基础同时施工，这时无须建立内控制网，一般是将设备基础主要中心线的端点测设在厂房矩形控制网上。当设备基础支模板或预埋地脚螺栓时，局部架设木线板或钢线板，以测设螺栓组中心线。

4. 质量标准

（1）自行检查合格。

（2）测绘主管验收合格。

（3）监理验收合格。

5. 应注意的质量问题

（1）遵循测绘基本原则：布局上“从整体到局部”，精度上“由高级到低级”，程序上“先控制后细部”。

（2）选择恰当的时间测设，尽量降低天气和温度对测设成果的影响。

（3）各级验收要及时，验收合格后方能进行下一步施工。

6. 基础测量记录

（1）基础施工必须做好施工记录备案，以资校核。

（2）施工记录内容。

① 工程名称和编号，日期，测量、计算与校核人员亲笔签名。

② 施测依据，有关的图件和相关数据。

③ 对施测方法、作业步骤与注意事项等的文字说明。

④ 承包人自检说明。

⑤ 监理评定意见。

⑥ 有关职能部门复核会签。

7. 安全环保措施

（1）爱护测量仪器设备，使用时注意保护仪器设备，使用后立即装箱，避免仪器设备被损坏。

（2）测量施工人员注意人身安全，施工时要戴安全帽。

项目 7

工程细部测量

在工程建设区域内，以必要的精度测定一系列控制点的水平位置和高程，建立起工程控制网，作为地形测量和工程测量的依据，这项测量工作称为控制测量；然后在每个控制点上施测其周围的局部地形放样需要施工的点位称为细部测量。

在测量的布局上，是由整体到局部；在测量的次序上，是先控制后细部；在测量精度上，是先高级后低级。这是测量工作程序应遵循的基本原则。

对建筑楼层进行细部测量控制，具体流程如下。

1. 各楼层控制轴线的放样

把轴线控制点从预留洞口用激光铅垂仪引测到各楼层上，然后用全站仪（或用经纬仪测角配合钢尺量距）对每次传导的各控制点进行复核，做好记录，检查各点之间的距离、角度，直到完全符合设计要求为止。

2. 各楼层标高控制

在施工过程中，用钢尺配合水准仪来控制建筑物钢筋、模板、砼的标高。在首层完成后，还需要将高程传递到上层，需用钢尺、水准仪配合施测，每个流水作业段至少传递三点，以供相互检核用。

3. 柱、墙及模板的放样

根据控制轴线位置放样出柱、墙的位置和尺寸线，用于检查柱、墙钢筋的位置，及时纠偏，以利于模板就位，然后在其周围放出模板控制线（距模板内边 200 mm）。放双线控制以保证柱、墙的截面尺寸及位置，然后放出柱中线，待柱拆除模板后把此线引到柱面上，以确定上层梁的位置。

方形柱控制线测设如图 7-1 所示。

墙体控制线测设如图 7-2 所示。

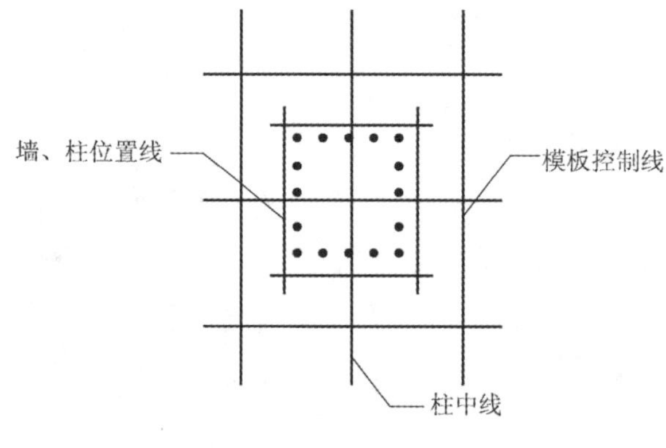

图 7-1　方形柱控制线测设

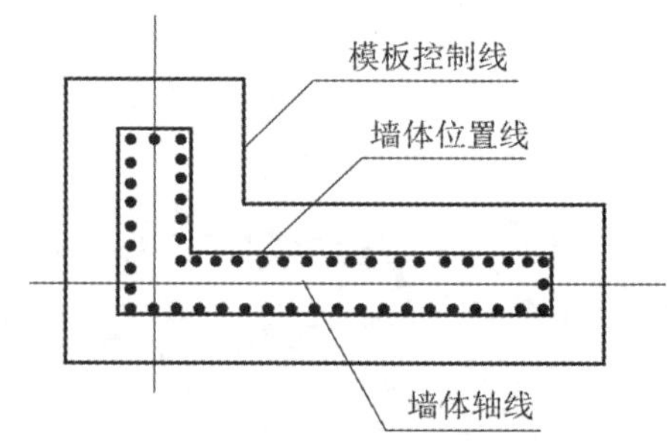

图 7-2　墙体控制线测设

4. 梁、板的放样

待墙、柱拆模后，进行高程传递，立即在墙、柱上用墨线弹出 +0.50 m 线，不得漏弹，再根据此线向上引测出梁、板底、模板线，如图 7-3 所示。

对墙体或柱体的上梁板模板采用双向控制线，即+0.5 m 线和模板控制线（上控制线），双层控制梁板模板高程，从而减小误差、方便施工，如图 7-4 所示。

5. 窗、洞口的放样

在放墙体线的同时弹出门窗洞口的平面位置，再在绑好的钢筋上放样出窗体洞口的高度，用油漆标注。外墙门窗、洞口竖向弹出通线与平面位置校核，以控制门窗、洞口的位置。

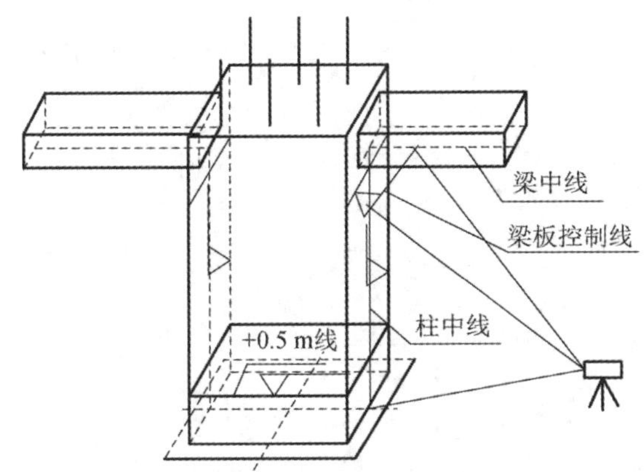

图 7-3　梁、板测设示意图

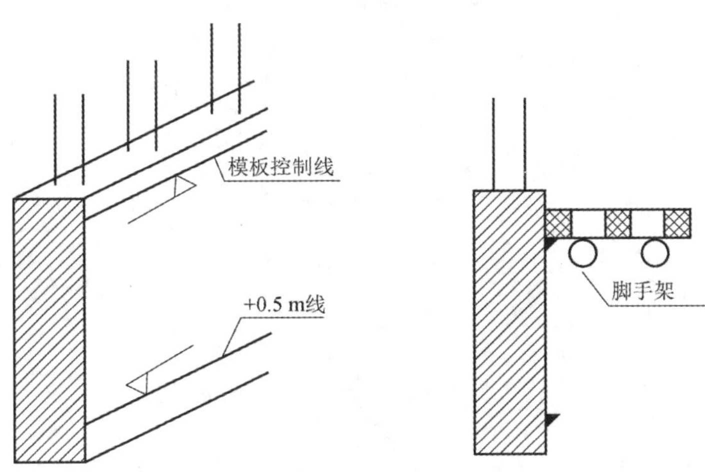

图 7-4　双层控制梁板模板高程示意图

6. 外墙大角的控制

待外墙拆完模后，沿大角处向内各量出 300 mm，用经纬仪竖向放出通线，用以控制外墙转角模板的位置，防止大角出现偏差。在大角模板的相应位置做出标记，待上层大角模板合模时，通线与标记一定要相吻合。

7. 楼梯踏步的放样

根据楼梯踏步的设计尺寸，在实际位置两边的墙上用墨线弹出，并弹出两条梯角平行线，以便纠偏，如图 7-5 所示。

8. 轴线控制点传递

对于超高建筑，对垂直度的控制属于施工阶段的关键工序。为了达到高精度要求，在施工中可采用先进的测量设备天顶准直仪来保证测量的精度。将天顶准直仪架设于原始的轴线测量基准点上，上面铺设接收靶，通过仪器的特性——光的直线传递来保证轴线沿垂直线向上传递。因为高度关系，一次使用天顶准直仪会使投测接收靶上的光斑直径变大，精度降低，因此在实际操作过程中，必须分两次进行轴线的传递，在塔楼二十层上重新投点，以投测的点为基准点投测到顶层。轴线控制点传递示意图如图 7-6 所示。

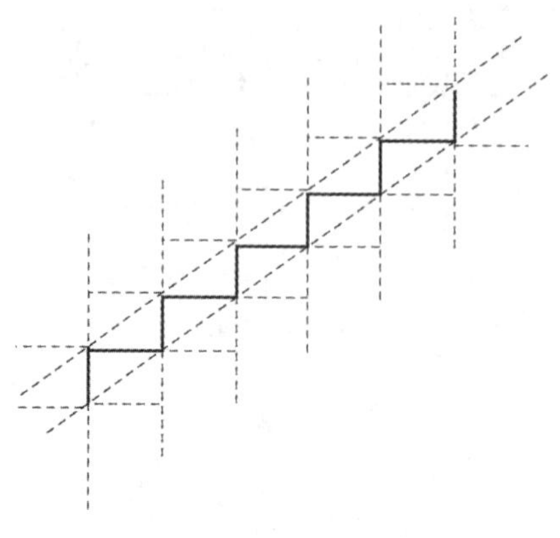

图 7-5　楼梯踏步的放样

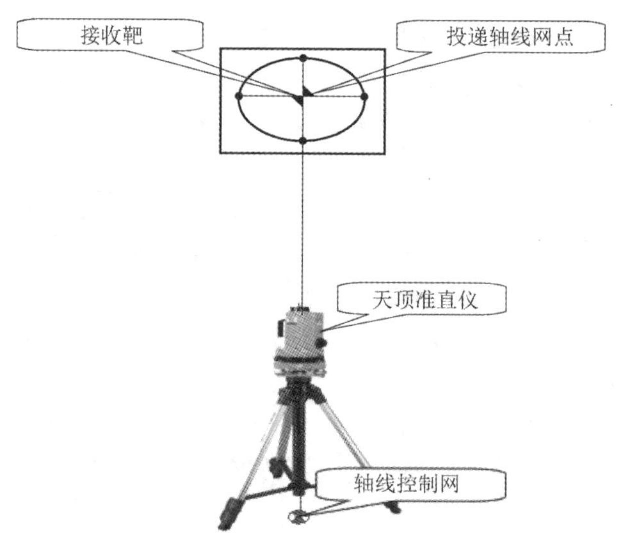

图 7-6　轴线控制点传递示意图

项目 8

建筑物变形观测

任务8.1 学习变形观测的意义

8.1.1 建筑物变形观测及其意义

在建筑物的施工和营运过程中，地质条件和土壤性质的不同、地下水位和大气温度的变化、建筑物荷载和外力作用等影响，导致建筑物随时间产生的垂直升降、水平位移、挠曲、倾斜、裂缝等，统称为变形。用测量仪器定期测定建筑物的变形及其发展情况，称为变形观测或变形监测。

各种工程建筑物在施工和使用过程中，都会产生一定的变形，当这种变形在一定限度内时可认为属正常现象，但超过了一定的范围就会影响建筑物的正常使用并危及建筑物自身和人身的安全，因此需要对施工中的重要建筑物和已发现变形的建筑物进行变形观测，掌握其变形量、变形发展趋势和规律，以便一旦发现不利的变形可以及时采取措施，以确保施工安全和建筑物的安全，同时也为今后更合理的设计提供资料。

由于建筑物的破坏性变形危害巨大，变形观测的作用逐步为人们所了解和重视，变形观测在建筑立法方面也具有了一定的地位，住房和城乡建设部已制定颁布并多次修订中华人们共和国行业标准《建筑变形测量规范》。目前国内许多大中城市已经提出要求和做出决定：新建的高层、超高层建筑，重要的建筑物必须进行变形观测，否则不予验收。同时要求，把变形观测资料作为工程验收依据和技术档案之一呈报和归档。

8.1.2 变形观测的特点

1. 观测精度高

由于变形观测的结果直接关系到建筑物的安全，影响对变形原因和变形规律的正确分析，所以变形观测必须具有较高的精度。变形观测的精度要求取决于建筑物预计允许变形值的大小和进行观测的目的。一般来讲，如果变形观测是为了确保建筑物的安全，则测量精度应小于允许变形值的1/10～1/20；如果变形观测是为了研究变形的过程，则观测精度应更高。

2. 重复观测量大

建筑物由于各种原因产生的变形都具有时间效应，计算变形量基本的方法是计算建筑物上同一点在不同时间的坐标差和高程差。这就要求变形观测必须以一定的时间周期重复进行。重复变形观测的频率取决于观测的目的、预计的变形量大小和变形速率。通常要求变形观测的次数既能反映出变化的过程，又不遗漏变化的时刻。

3. 数据处理严密

建筑物的变形一般都较小，甚至与观测精度处在同一个数量级。另外，重复变形观测的数据量较大。要从大量数据中精确提取变形信息，必须采用严密的数据处理方法。数据处理的过程也是进行变形分析和预报的过程。

8.1.3 变形观测的内容

所谓变形观测，是指对建筑物以及地基变形（包括水平位移、沉降、倾斜、挠度、裂缝等）进行的测量工作。对于建筑物的变形，应从基础施工开始，在整个施工阶段按规定进行定期的观测，直到建成之后的一定使用阶段。如有必要，观测应延续到变形趋于稳定为止。

8.1.4 变形观测常规方法

变形观测常规方法包括精密水准测量、三角高程测量、三角(边)测量、导线测量、交会法等。测量仪器主要有经纬仪、水准仪、电磁波测距仪以及全站仪等。这类方法的测量精度高,应用灵活,适用于不同的变形体和不同的工作环境。

任务8.2 观测建筑物沉降

8.2.1 建筑物沉降原因

在荷载的影响下,建筑基础下土层的压缩是逐步实现的,因此,基础的沉降量是逐渐增大的。一般认为,建筑在砂土类土层上的建筑物,沉降在施工期间已完成大部分;而建筑在黏土类土层上的建筑物,沉降在施工期间只完成了一部分。

对于砂性土层上的建筑,基础的沉降过程可分为四个阶段:第一阶段是在施工期间,随着地基上荷载的增加,沉降速度很大,年沉降量为 20～70 mm;到第二阶段,沉降速度显著变慢,年沉降量大约为 20 mm;第三阶段为平稳下沉阶段,沉降速度为每年 1～2 mm;在第四阶段,沉降曲线几乎是水平的,也就是说到了沉降停止的阶段。相反,黏性土地基上的建筑物,沉降会有一个快速发展—逐渐收敛的缓慢过程。因此,变形观测应贯穿兴建工程建筑物的全过程,即建筑之前、之中及营运期间。

8.2.2 高程基准点和沉降观测点的布设

1. 高程基准点的布设

高程基准点的布设原则如下。

(1) 点位稳固,在沉降变形区以外。

(2) 不宜过远,通常一站能引测到沉降观测点。

(3) 每个工地设置 2～3 个,以便检核。

(4) 一般需要与国家水准点联测,获得绝对高程。

(5) 冻土地区应埋深至冻土线以下 0.5 m 处。

2. 沉降观测点的布设

沉降观测点的布设原则如下。

(1) 布设在建筑物的四角处、大转角处、沿外墙每 10～15 m 处或每隔 2～3 根柱基上。

(2) 布设在高低层建筑物、新旧建筑物、纵横墙等交接处的两侧。

(3) 布设在建筑物裂缝和沉降缝两侧、基础埋深相差悬殊处、人工地基与天然地基接壤处、不同结构的分界处及填挖方分界处。

(4) 在宽度大于或等于 15 m 或小于 15 m 但地质复杂以及膨胀土地区的建筑物承重内隔墙中部设内墙点，在室内地面中心及四周设地面点。

(5) 布设在邻近堆置重物处、受振动有显著影响的部位及基础下的暗沟处。

(6) 框架结构建筑物的每个或部分柱基上或沿纵横轴线设点。

(7) 布设在片筏基础、箱形基础底板或接近基础的结构部分之四角处及其中部位置。

(8) 布设在重型设备基础和动力设备基础的四角、基础型式或埋深改变处以及地质条件变化处两侧。

(9) 电视塔、烟囱、水塔、油罐、炼油塔、高炉等高耸构筑物，沿周边在与基础轴线相交的对称位置上布点，点数不少于 4 个。

沉降观测点的设置如图 8-1 所示。

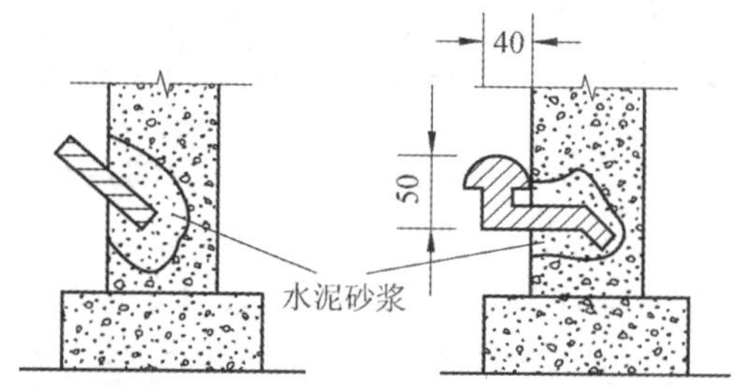

图 8-1　沉降观测点的设置

8.2.3　沉降观测的时间、方法和精度要求

1. 沉降观测的周期与时间

沉降观测的时间和次数，应根据工程的性质、施工进度、地基地质情况及基础荷载的变化情况而定。

(1) 在埋设的沉降观测点稳固后，在建筑物主体开工前，进行第一次沉降观测。

(2) 在建(构)筑物主体施工过程中，一般每盖 1～2 层观测沉降一次。若中途停工时间较长，则应在停工时和复工时进行沉降观测。

(3) 当发生大量沉降或严重裂缝时，应立即或几天一次连续沉降观测。

(4) 建筑物封顶或竣工后，一般每月观测沉降一次。如果沉降速度减缓，则可改为 2～3 个月观测沉降一次，直到沉降稳定为止。

2. 沉降观测的方法

沉降观测时先后视水准点，接着依次前视各沉降观测点，最后再次后视该水准点，两次后视读数之差不应超过±1 mm。另外，沉降观测的水准路线(从一个水准点到另一个水准点)应为闭合水准路线。

3. 沉降观测的精度要求

沉降观测的精度应根据建筑物的性质而定。

(1) 多层建筑物的沉降观测，可采用 DS_3 型水准仪，用普通水准测量的方法进行，水准路线的闭合差不应超过 $\pm 2.0\sqrt{n}$ mm(n 为测站数)。

(2) 高层建筑物的沉降观测，应采用 DS_1 型水准仪，用二等水准测量的方法进行，水准路线的闭合差不应超过 $\pm 1.0\sqrt{n}$ mm(n 为测站数)。

4. 沉降观测的工作要求

沉降观测是一项长期、连续的工作，为了保证观测成果的正确性，应尽可能做到四定，即固定观测人员，使用固定的水准仪和水准尺，使用固定的水准点，按固定的实测路线和测站进行。

沉降观测的成果整理如下。

(1) 整理原始记录。

每次观测结束后，应检查记录的数据和计算是否正确、精度是否合格，然后调整高差闭合差，推算出各沉降观测点的高程，并填入"沉降观测表"中(示例见表 8-1)。

(2) 计算沉降量。

计算内容和方法如下。

① 计算各沉降观测点的本次沉降量：

沉降观测点的本次沉降量＝本次观测所得的高程－上次观测所得的高程

② 计算累积沉降量：

累积沉降量＝本次沉降量＋上次累积沉降量

将计算出的沉降观测点本次沉降量、累积沉降量和观测日期、荷载情况等记入"沉降观测表"中。

表 8-1　沉降观测表

观测次数	观测时间	各观测点的沉降情况							施工进展情况	荷载情况/(t/m²)
		1			2			3…		
		高程/m	本次下沉/mm	累积下沉/mm	高程/m	本次下沉/mm	累积下沉/mm	…		
1	2005-01-10	50.454	0	0	50.473	0	0	…	一层平口	
2	2005-02-23	50.448	－6	－6	50.467	－6	－6		三层平口	40
3	2005-03-16	50.443	－5	－11	50.462	－5	－11		五层平口	60
4	2005-04-14	50.440	－3	－14	50.459	－3	－14		七层平口	70
5	2005-05-14	50.438	－2	－16	50.456	－3	－17		九层平口	80
6	2005-06-04	50.434	－4	－20	50.452	－4	－21		主体完	110
7	2005-08-30	50.429	－5	－25	50.447	－5	－26		竣工	

续表

观测次数	观测时间	各观测点的沉降情况							施工进展情况	荷载情况/(t/m²)
		1			2			3…		
		高程/m	本次下沉/mm	累积下沉/mm	高程/m	本次下沉/mm	累积下沉/mm	…		
8	2005-11-06	50.425	−4	−29	50.445	−2	−28		使用	
9	2006-02-28	50.423	−2	−31	50.444	−1	−29			
10	2006-05-06	50.422	−1	−32	50.443	−1	−30			
11	2006-08-05	50.421	−1	−33	50.443	0	−30			
12	2006-12-25	50.421	0	−33	50.443	0	−30			

注:水准点的高程为:BM.1,49.538 mm;BM.2,50.123 mm;BM.3,49.776 mm。

(3) 绘制沉降曲线。

图 8-2 所示为沉降曲线图,沉降曲线分为两个部分,即时间与沉降量关系曲线和时间与荷载关系曲线。

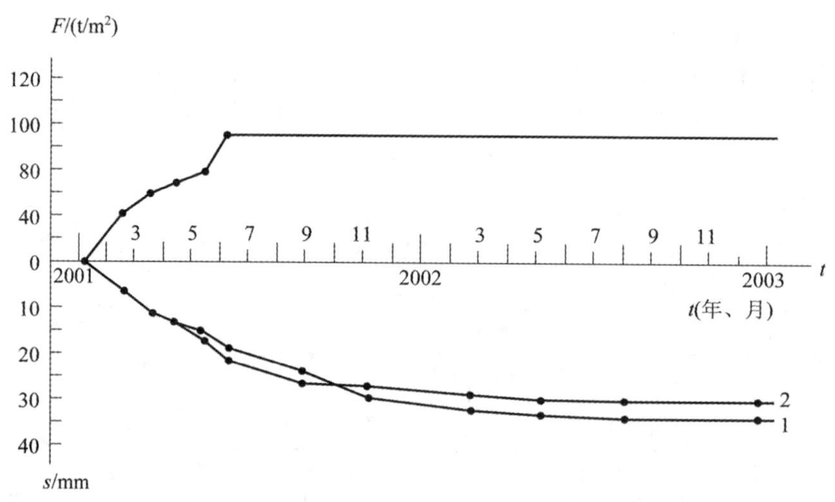

图 8-2 沉降曲线图

① 绘制时间与沉降量关系曲线。

首先,以沉降量 s 为纵轴,以时间 t 为横轴,组成直角坐标系。然后,以每次累积沉降量为纵坐标,以每次观测日期为横坐标,标出沉降观测点的位置。最后,用曲线将标出的各点连接起来,并在曲线的一端注明沉降观测点号码,这样就绘制出了时间与沉降量关系曲线,如图 8-2 所示。

② 绘制时间与荷载关系曲线。

首先,以荷载 F 为纵轴,以时间 t 为横轴,组成直角坐标系。然后,根据每次观测时间和相应的荷载标出各点,将各点连接起来,即可绘制出时间与荷载关系曲线,如图 8-2 所示。

任务8.3 观测建筑物倾斜

对于建筑物，地基的不均匀沉降将引起上部主体结构倾斜。对于高宽比很大的高耸建筑物而言，倾斜变形较沉降变形更为明显，轻微倾斜将影响建筑物的美观及功能的正常使用。倾斜过大，将导致建筑物安全性降低甚至倒塌，因此，对该类建筑物，以倾斜观测为主。

用测量仪器来测定建筑物的基础和主体结构倾斜变化的工作，称为倾斜观测。

8.3.1 一般建筑物主体的倾斜观测

对于建筑物主体的倾斜观测，应先测定建筑物顶部观测点相对于底部观测点的偏移值，再根据建筑物的高度，计算建筑物主体的倾斜度，即

$$i = \tan\alpha = \frac{\Delta D}{H} \tag{8-1}$$

式中：i——建筑物主体的倾斜度；

ΔD——建筑物顶部观测点相对于底部观测点的偏移值(m)；

H——建筑物的高度(m)；

α——倾斜角(°)。

由式(8-1)可知，倾斜观测主要是测定建筑物顶部观测点相对于底部观测点的偏移值ΔD。ΔD的测定一般采用经纬仪投影法。

对一般建筑物主体的倾斜观测，具体方法如下。

(1) 如图8-3所示，将经纬仪安置在固定测站上，该测站到建筑物的距离为建筑物高度的1.5倍以上。瞄准建筑物X墙面上部的观测点M，用盘左、盘右分中投点法，定出下部的观测点N。用同样的方法，在与X墙面垂直的Y墙面上定出上观测点P和下观测点Q。M、N和P、Q即为所设观测标志。

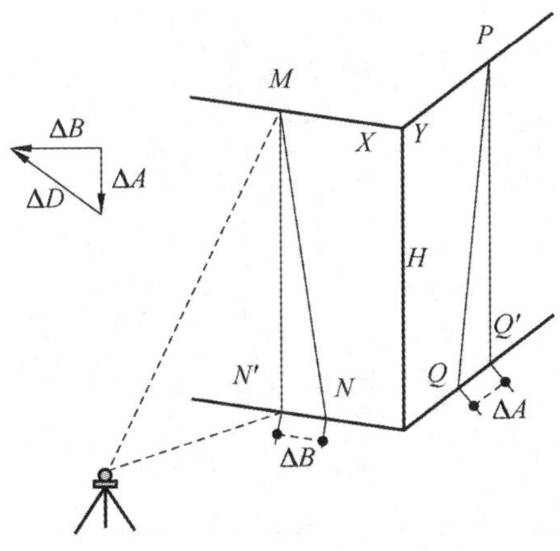

图8-3 一般建筑物主体的倾斜观测

(2) 相隔一段时间后，在原固定测站上，安置经纬仪，分别瞄准上观测点 M 和 P，用盘左、盘右分中投点法得到 N' 和 Q'。N 与 N'、Q 与 Q' 不重合，如图 8-3 所示，说明建筑物主体发生了倾斜。

(3) 用尺子量出在 X、Y 墙面的偏移值 ΔA、ΔB，然后用矢量相加的方法，计算出该建筑物的总偏移值 ΔD，即 $\Delta D=\sqrt{\Delta A^2+\Delta B^2}$。

根据偏移值 ΔD 和建筑物的高度 H 用式(8-1) 即可计算出建筑物主体的倾斜度 i。

8.3.2 圆形建(构)筑物主体的倾斜观测

对圆形建(构)筑物主体的倾斜观测，是在互相垂直的两个方向上，测定其顶部中心对底部中心的偏移值，具体方法如下。

(1) 如图 8-4 所示，在烟囱底部横放一根标尺，在标尺中垂线方向上安置经纬仪，经纬仪到烟囱的距离为烟囱高度的 1.5 倍。

(2) 用望远镜将烟囱顶部边缘两点 A、A' 及底部边缘两点 B、B' 分别投到标尺上，得读数为 y_1、y_1' 及 y_2、y_2'，如图 8-4 所示。烟囱顶部中心 O 对底部中心 O' 在 y 方向上的偏移值 Δy 为

$$\Delta y = \frac{y_1 + y_1'}{2} - \frac{y_2 + y_2'}{2} \tag{8-2}$$

(3) 用同样的方法，可测得在 x 方向上，顶部中心 O 的偏移值 Δx 为

$$\Delta x = \frac{x_1 + x_1'}{2} - \frac{x_2 + x_2'}{2} \tag{8-3}$$

(4) 用矢量相加的方法，计算出顶部中心 O 对底部中心 O' 的偏移值 ΔD，即

$$\Delta D = \sqrt{\Delta x^2 + \Delta y^2} \tag{8-4}$$

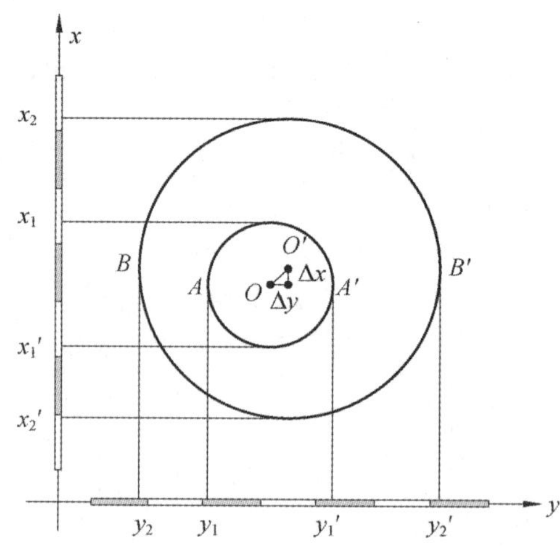

图 8-4 圆形建(构)筑物主体的倾斜观测

根据偏移值 ΔD 和圆形建(构)筑物的高度 H 用式(8-1) 即可计算出圆形建(构)筑物主体的倾斜度 i。

另外，亦可采用激光铅垂仪或悬吊垂球的方法，直接测定建(构)筑物主体的倾斜量。

8.3.3 建筑物的基础倾斜观测

建筑物的基础倾斜观测一般采用精密水准测量的方法，定期测出基础两端点的沉降量差值 Δh，如图 8-5 所示，再根据两点间的距离 L，计算出基础的倾斜度，即

$$i=\frac{\Delta h}{L} \tag{8-5}$$

对整体刚度较好的建筑物的倾斜观测，也可采用基础沉降量差值，推算主体偏移值。如图 8-6 所示，用精密水准测量测定建筑物基础两端点的沉降量差值 Δh，再根据建筑物的宽度 L 和高度 H，推算出该建筑物主体的偏移值 ΔD，即

$$\Delta D=\frac{\Delta h}{L}H \tag{8-6}$$

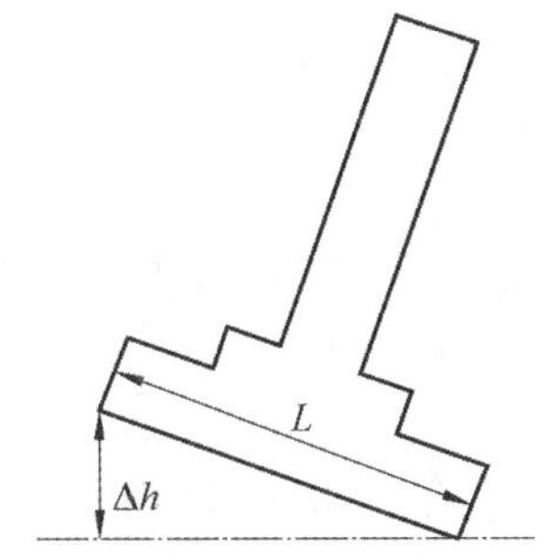

图 8-5 建筑物基础倾斜观测

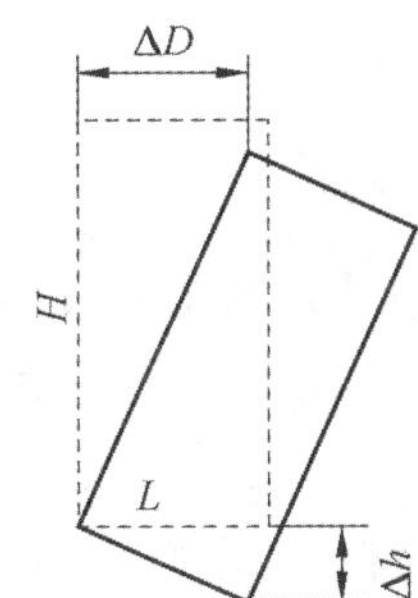

图 8-6 基础倾斜观测测定建筑物的偏移值

8.3.4 建筑物的位移观测

根据平面控制点测定建筑物的平面位置随时间而移动的大小及方向，称为位移观测。位移观测首先要在建筑物附近埋设测量控制点，再在建筑物上设置位移观测点。位移观测的方法有以下两种。

1. 角度前方交会法

利用角度前方交会法，对观测点进行角度观测，计算观测点的坐标，利用两点之间的坐标差值，计算该点的水平位移量。

2. 基准线法

某些建筑物只要求测定某特定方向上的位移量，如大坝在水压力方向上的位移量，这种情况可采用基准线法进行水平位移观测。

观测时，先在位移方向的垂直方向上建立一条基准线，如图 8-7 所示。A、B 为控制点，P 为观测点。只要定期测量观测点 P 与基准线 AB 的角度变化值 $\Delta\beta$，即可测定水平位移量。$\Delta\beta$ 的测量方法如下。

在 A 点安置经纬仪，第一次观测水平角 $\angle BAP=\beta_1$，第二次观测水平角 $\angle BAP'=\beta_2$，两

次观测水平角的角值之差即 $\Delta\beta$：

$$\Delta\beta = \beta_2 - \beta_1 \tag{8-7}$$

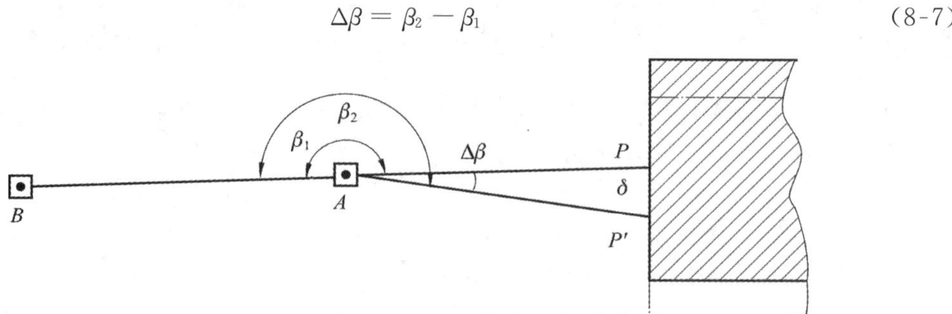

图 8-7　基准线法观测水平位移

观测点的水平位移量 δ 可按下式计算：

$$\delta = D_{AP}\frac{\Delta\beta}{\rho} \tag{8-8}$$

3. 构件的挠度观测

建筑物的结构构件在施工和使用阶段随着荷载的增加会产生挠曲，挠曲的大小对建筑物结构构件受力状态的影响很大。因此，结构构件的挠度不应超过某一限值，否则将危及建筑物的安全。

挠度观测是通过测量观测点的沉降量来进行的计算的。如图 8-8 所示，A、B、C 是某构件同一轴线上的三个沉降观测点（A、C 在支座处，B 在跨中），测得它们的沉降量分别为 ΔA、ΔB、ΔC，则该构件的跨中挠度 f_B 为

$$f_B = \Delta B - \frac{\Delta A + \Delta C}{2} \tag{8-9}$$

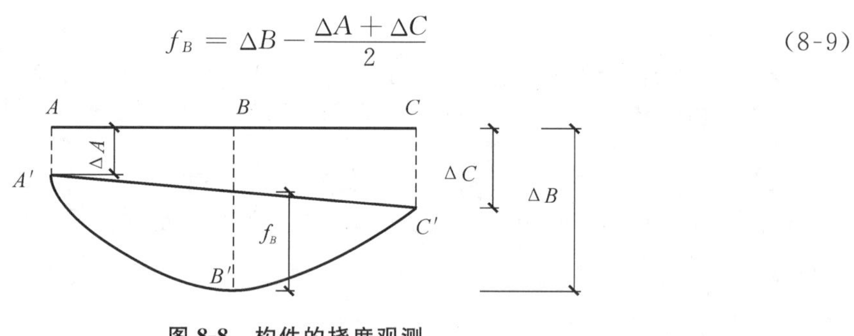

图 8-8　构件的挠度观测

8.3.5　建筑物的裂缝观测

当建筑物出现基础不均匀沉降、施工方法不当、设计有误等方面的问题时，都会使上部主体结构产生裂缝。为了分析裂缝产生的原因，以便采取正确的处理方法，除了要增加沉降观测外，还应立即进行裂缝观测。

为了观测裂缝的发展情况，要在裂缝处设置观测标志。设置观测标志的基本要求是：当裂缝开裂时，观测标志能相应地开裂或变化，正确反映建筑物裂缝发展的情况。下面介绍两种常用简便的裂缝观测方法。

1. 设置石膏板标志法

将厚 10 mm,宽 50～80 mm 的石膏板(长度视裂缝大小而定),固定在裂缝的两侧。当裂缝继续发展时,石膏板随之开裂,从而观察出裂缝继续发展的情况。

2. 设置白铁皮标志法

(1) 用两块白铁皮,一块取 150 mm×150 mm 的正方形,固定在裂缝的一侧。

(2) 另一块为 50 mm×200 mm 的矩形,固定在裂缝的另一侧,使两块白铁皮的边缘相互平行,并使其中的一部分重叠。

(3) 在两块白铁皮的表面,涂上红色油漆。

(4) 如果裂缝继续发展,两块白铁皮将逐渐拉开,露出正方形原被覆盖没有油漆的部分,这一部分的宽度即为裂缝加大的宽度,可用尺子量出。

项目 9

能力拓展

任务9.1 公路与城市道路工程施工测量

9.1.1 相关标准适用范围

公路与城市道路工程施工测量工艺标准（Ⅷ 101）适用于公路与城市道路工程施工测量，其他等级道路工程施工测量可参照执行。

9.1.2 施工准备

1. 仪器设备

(1) 精度不低于±6″、±(5 mm+5ppm. D)的全站仪或测距仪。

(2) 精度不低于 DJ_6 型经纬仪、不低于 S_3 型水准仪。

2. 辅助工具和材料

(1) 与全站仪或测距仪相配套的单棱镜、三棱镜、对中杆棱镜、三脚架、水准尺等。

(2) 常用工具设备:可编程计算器、对讲机、12 磅锤、4 磅锤、羊角锤、可调式托盘、铝合金导梁、ϕ3 钢丝绳、1 t 倒链、ϕ20 以上钢钎、皮尺、测绳、花杆、遮阳(雨)伞,木桩、油漆、石灰、小线、钢钉、红蓝铅笔、排笔、绘图铅笔等。

全站仪、经纬仪、水准仪、钢尺等必须经有资质的计量检测部门检定合格。

3. 作业条件

(1) 建设单位已提供施工图纸,并完成控制点的测设。

(2) 所有人员已经培训并持证上岗。

4. 技术准备

(1) 熟悉施工图纸,掌握有关测量规范;编写测量方案;进行现场踏勘及各项审核手续的报验。

(2) 准确计算道路中线、边线坐标、设计高程等内业数据。

9.1.3 操作工艺

1. 工艺流程

工艺流程如图 9-1 所示。

测量桩位交接 → 桩位复测 → 布设施工控制网 → 现况调查及原地貌测量 → 路基施工测量 → 路面基层施工测量 → 路面面层施工测量 → 路缘石、边坡与边沟施工测量 → 竣工测量

图 9-1 公路与城市道路工程施工测量工艺流程

2. 操作方法

1) 测量桩位交接

(1) 测量桩位交接工作一般由建设单位组织,由设计或勘测单位向施工单位测量工程师交桩。交桩要有桩位平面布置图。桩位交接后办理交接手续。

(2) 交接桩数量应根据工程的大小确定。如果与另外施工段连接,则应在连接处向界外多交至少一个坐标点和一个水准点。

(3) 接桩时应查看点位是否松动或被移动，若已松动或被移动，则应及时向勘测单位提出补桩的申请。

(4) 施工单位应逐一记录现场点位，并做好桩位标记，桩标不突出的应用钢尺拴桩，做好标记，便于寻找复测。

(5) 接桩后应及时进行标桩保护，采取混凝土加固、砌保护井和钉设标志牌等措施，容易被车撞轧的控制点应钉设防护栏杆。

2) 桩位复测

(1) 接桩后依据设计图纸和交桩资料进行内业校核，检查成果表中的各项计算是否正确。

(2) 桩位的坐标复测宜采用附合导线测法进行，高程复测宜采用附合水准测法。

(3) 复测中发现问题应及时与交桩单位联系解决。复测合格后及时向监理工程师或建设单位提交复测报告，以使复测成果得到确认后使用。

3) 布设施工控制网

(1) 在桩位交接工作结束后，按照要求的精度等级进行施工控制网的布设。鉴于公路线形的特点，平面控制网的布设宜采用沿线路方向的附合导线；高程控制宜采用附合水准线路或三角高程测量。

(2) 外业观测应选在能见度高、无风的清晨或傍晚进行，以降低大气折光及气压、温度的变化对观测的影响。

(3) 水准测量可采用一组往返或两组单程进行，往返测或两组单程测高差不符值在限差以内时采用平均值。

(4) 水准点电磁波三角高程测量可与平面控制测量同时进行。当采用电磁波三角高程测量时，应满足相应测量等级的技术要求，观测时采取相应的技术措施。

(5) 内业计算必须使用监理工程师认可的表式，计算步骤应清晰、有条理，成果合格后必须报监理工程师确认。

(6) 控制桩必须采取拴桩等有效保护措施。

4) 现况调查及原地貌测量

(1) 在施工前，应先放出路基征地线(红线)，并调查与记录征地线范围内需拆迁或改移的建(构)筑物、树木、文物古迹、各类地下管线等。若征地线范围不能满足施工需要，则应及时以书面形式报告监理及建设单位。

(2) 应放出设计图纸中过路箱涵、管涵等结构物的中心线位置，并调查其平面位置与高程是否与现况相符。若不相符，则应及时向监理及建设单位提出，经其确认后再由设计单位进行变更设计。

(3) 在现况调查结束后，应计算每一桩号中心坐标与对应的路基宽度，放出路基中线与边线。为保证填方段路基边坡的压实度，在每侧路基设计边线外加宽 500 mm 作为填筑边线。若遇到路基范围内有不适宜材料需挖除、换填，则必须在开挖之前与换填之前测量其范围及深度，并经监理工程师确认。

(4) 路基清表前，均应按纵向 50 m 测设一断面，横断方向 6～10 点测量原地面高程。若地形复杂，则可以按纵向 10～20 m 测设一断面，所有点位及高程数据应记录在册。在清表后，恢复所有点位并测量此时地面高程，作为清表后的地面高程。

5) 路基施工测量

(1) 填方段路基每填一层恢复一次中线、边线并进行高程测设。在距路床顶 1.5 m 内，应按设计纵、横断面数据控制；达到路床设计高程后，应准确放样路基中心线及两侧边线，并将路基顶设计高程准确测设到中心及两侧桩位上，按设计中线、宽度、坡度、高程控制并自检，自检合格并报监理工程师确认后，方可进行下道工序施工。

(2) 路基挖方段应按设计高程及边坡坡度计算并放出上口开槽线；每挖深一步恢复一次中线、边线并进行高程测设；高程点应布设在两侧护壁处或其他稳定可靠的部位。挖至路床顶 1 m 左右时，高程点应与附近的高级水准点联测。

(3) 直线上中桩测设的间距不应大于 50 m，平曲线上宜为 20 m。当地势平坦且曲线半径大于 800 m 时，中桩间距可为 40 m。当公路曲线半径为 30～60 m、缓和曲线长度为 30～50 m时，中桩间距不应大于 10 m。当公路曲线半径和缓和曲线长度小于 30 m 或采用回头曲线时，中桩间距不应大于 5 m。

(4) 根据工程需要，可测设线路起终点桩、百米桩、平曲线控制桩和断链桩，并应根据竖曲线的变化情况加桩。

(5) 在桥台两侧台背回填范围内，应在台背上标出分层填筑标高线。

(6) 对于管涵等构筑物，应首先测设其开槽中心线及边线；达到槽底高程后，检测高程并恢复中心线；管基础完成后，检测管基顶面高程，在管基顶面精确测设并弹出中心线或结构边线。

6) *路面基层施工测量*

(1) 路面基层施工前，应实测所有桥面铺装层的高程，并与设计高程对比。若相差较大，则应向监理及建设、设计单位提出，以确定高程调整量。

(2) 路面基层施工测量重点在于控制各层厚度与宽度。平面测设时，应定出该层的中心与边线桩位。边线桩位放样时，应比该层设计宽度大 100 mm，以保证压实后该层的设计宽度。

(3) 高程测设时，应将设计高程测设到中线与边线高程控制桩上；在使用摊铺机作业时，此时高程控制桩应采用可调式托盘，且桩位间距不应大于 10 m，在匝道处可加密至 5 m。高程控制桩上平置铝合金导梁或 ϕ3 钢丝绳。当采用钢丝绳时，每 100 m 将 ϕ20 以上钢钎砸入牢固的地面，其上固定 1 t 倒链，将钢丝绳绷紧，使其平稳置于已测设好高程的可调式托盘上。在摊铺机行进中，应有专人看管托盘。若发现托盘移动或钢丝绳从托盘上掉下，则应立即重测该处的高程。

(4) 当分段施工时，平面及高程放样应进入相邻施工段 50～100 m，以保证分段衔接处线形的平顺美观。

(5) 在匝道出入口或其他不规则地段，高程放样应根据设计提供的建筑方格网进行。

7) *路面面层施工测量*

(1) 路面下面层施工测量：在使用摊铺机进行路面下面层施工测量时，施工测量方法同前，只是应在摊铺压实后及时复测，以保证摊铺厚度。必要时，应适当调整压实系数。

(2) 路面中、上面层施工测量：当摊铺机采用与下面层同样的方法作业时，施工测量方法同前。采用浮动基准梁作业时，在摊铺机起步阶段应测量熨平板的平整度及高度；进入正常摊铺后，应在摊铺压实后及时复测高程，以保证摊铺厚度。

(3) 在匝道出入口或其他不规则地段，高程放样应根据设计提供的建筑方格网进行。

8) *路缘石、边坡与边沟施工测量*

(1) 路缘石放样时，直线上桩位测设的间距不应大于 10 m，平曲线上宜为 5 m；当公路曲线半径和缓和曲线长度小于 30 m 或采用回头曲线时，桩位间距不应大于 3 m。高程控制桩的间距与上述一致。

（2）边坡与边沟的施工测量应满足以下要求。

① 边坡放样时，应每隔 20 m 在上口线定一点位，计算并放出相应桩号下口线位置，两者之间用细线绷紧。

② 边沟放样应每隔 20～40 m 放出边沟中线及上口线；至沟底时每隔 10 m 测设一高程桩。

③ 锥坡的施工测量应按照曲线设计形式计算坡脚轮廓线的放样数据，并按设计的坡度要求计算长、短半径。锥坡放样一般采用支距法。

9）竣工测量

竣工测量由建设单位委托有相应资质的专业单位进行，内容包括中心线、高程、横断面图示、附属结构和地下管线的实际位置与高程。

9.1.4 质量标准

（1）导线测量的主要技术要求应符合表 9-1 中的规定。

表 9-1 导线测量的主要技术要求

等级	导线长度/km	平均边长/km	测角中误差/(″)	测距中误差/mm	测回数			方位角闭合差/″	相对闭合差
					DJ_1	DJ_2	DJ_6		
一级	4	0.5	5	15	—	2	4	10	≤1/15 000
二级	2.4	0.25	8	15	—	1	3	16	≤1/10 000
三级	1.2	0.1	12	15	—	1	2	24	≤1/5 000

（2）水准测量的主要技术要求应符合表 9-2 中的规定。

表 9-2 水准测量的主要技术要求

等级	每公里高差中误差/mm	路线长度/km	水准仪型号	水准尺	观测次数		高差闭合差/mm	
					与高级点联测	附合或环线	平地	山地
四等	10	≤16	DS_3	双面	往返测	往测一次	20	6
五等	15		DS_3	单面	往返测	往测一次	30	—

（3）光电测距三角高程测量限差的要求应符合表 9-3 中的规定。

表 9-3 光电测距三角高程测量限差的要求

距离测回数	竖直角					边长范围/m
	测回数		最大角值/(°)	测回间(三丝法为半测回间)较差/(″)	指标差互差/(″)	
	中丝法	三丝法				
往返各一测回	往返各两测回	往返各一测回	20	8	15	200～600

（4）中桩桩位测量限差的要求应符合表 9-4 中的规定。

表 9-4　中桩桩位测量的限差要求

线路名称	纵向误差/cm	横向误差/cm
高等级公路	$s/2000+0.1$	10
一般公路	$s/1000+0.1$	10

注：s 为控制点到中桩的距离(m)。

9.1.5　成品保护

(1) 所有测量成果、资料应由专人保存、管理，不得涂改、遗弃或丢失。

(2) 测量控制点应选在不易被破坏的位置且应做明显标识，并采取有效保护措施。

(3) 已测设完的高程、中线桩应标识清晰，由专人负责，不得改动或破坏。一旦发现被改动或破坏，应立即停止使用，由测量人员重新测量。

9.1.6　应注意的质量问题

(1) 在施工过程中，应定期对测量仪器设备进行校核并应记录在册。

(2) 定期将施工控制点与高级控制点进行联测，避免使用误差超限的控制点。

(3) 应及时、准确掌握工程设计变更或其他情况的变化，建立健全技术交底与测量交底签字制度，避免因资料或数据交接的错误而导致测量质量事故的发生。

(4) 所有内业计算成果应建立复核制度。

(5) 为防止因测量与施工误差的累积致使桥头搭板处高程不顺接，导致桥头搭板出现“跳车”现象，在基层与面层各层施工时，在桥头搭板两侧 30 m 范围内可对设计高程视误差大小做适当调整，保证在桥头搭板处高程的精确衔接。

9.1.7　质量记录

(1) 测量交接桩记录。

(2) 控制点复核记录(导线平差计算表、水准测量计算表、导线点成果表、水准点成果表等)。

(3) 工程定位测量记录和测量复核记录(中线、高程、宽度、坡度等)。

(4) 路基变形观测记录(沉降、位移等)。

9.1.8　安全措施

(1) 测量人员施测时，应设专人指挥过往车辆、机械。交通繁忙的路口应设置明显标志，并由专人指挥交通。

(2) 测量人员在爬山、下沟槽作业时，应配备安全帽、安全绳等设备；在通行道路上作业时，测量人员要穿着反光背心；在高压输电线或其他易燃、易爆品仓库附近作业时，应保持安全距离，并谨慎使用对讲机等带电设备。

(3) 仪器应由专人使用、保养和保管，架设的仪器禁止离人，危险地区设专人负责安全监护。在使用仪器前要仔细阅读说明书，了解仪器各部位的性能和使用要求；使用中要采取防撞、防雨和防晒措施；远距离或复杂地区迁站应装仪器箱内搬运。仪器的长途运输要采取防振措施，存放仪器要采取防盗、防火和防潮措施。

任务9.2 道路测量资料样表及填写说明

道路测量资料样表及填写说明如下。

××××建设有限公司

××××工程测量 报验申请表(样表1)

工程名称：××××工程　　　　编号：

致：××××监理公司

我单位已完成了××××工程××号桥××桥台××号灌注桩定位的测量工作，现上报该工程报验申请表，请予以审查和验收。

附件：

1. 建(构)工程测量复核单
2. 测量定位成果表

承包单位(章)
项目经理：
日　期：______年______月______日

审查意见：

项目监理机构(章)
总/专业监理工程师：
日　期：

工程测量复核表(样表 2)

测量日期:报监理审核时间

<table>
<tr><td>工程名称</td><td>合同签署的工程名称</td><td>施工单位</td><td colspan="2">施工单位全称</td></tr>
<tr><td>图纸依据</td><td>放样过程中所涉及的图纸编号</td><td>测试依据</td><td colspan="2">业主提供的施工控制网点的名称</td></tr>
<tr><td>复核内容</td><td colspan="4">中心线、标高等</td></tr>
<tr><td>引进水准标志编号</td><td>业主提供的高程点名称</td><td>水准高程</td><td>$H=$ m</td><td></td></tr>
</table>

内容说明:

1.本工程为×××道路工程中心线及标高的复核记录。

2.施测依据为业主提供的一级施工控制网点 $A(A=,B=)$、$B(A=,B=)$的引测,经检查其偏差均在允许范围内。

3.使用仪器:仪器型号、编号及有效期。

4.成果中除坐标外其他的单位均为 mm。

<table>
<tr><td>查验结果</td><td colspan="3">□查验合格 □纠正差错后合格 □纠正差错后再报</td></tr>
<tr><td colspan="2">施工单位</td><td rowspan="3">监理
单位
签章</td><td rowspan="3">专业监理签字并加盖公章</td></tr>
<tr><td>测量人员</td><td>施工单位测量人员签字</td></tr>
<tr><td>复核人员</td><td>项目部签字</td></tr>
</table>

填表日期:申请报验日期

测量成果图(样表 3)

<table>
<tr><td rowspan="2">施工单位</td><td rowspan="2">二级项目部名称</td><td>工程名称</td><td>合同签署的工程名称</td><td rowspan="2">测量项目</td><td rowspan="2">测量内容,如中心线、标高等</td><td rowspan="2">施测时间</td><td rowspan="2"></td><td rowspan="2">备注</td><td rowspan="2"></td></tr>
<tr><td>工程编号</td><td>工程的三级编号</td></tr>
<tr><td>草图</td><td colspan="9">简图中必须包含使用的控制点的位置和坐标、基础关键轴线的坐标和尺寸。此表适用于土建、桩基阶段的定位。</td></tr>
</table>

施工单位签章:项目部名称　　复核人员:项目测量人员签字　　测量人员:二级公司测量人员签字　　监理单位签章:

测量定位成果表(样表 4)

工程名称：　　　　　　　　　　　　　建设单位：

依据图纸				施测内容			施测时间		备注
测量仪器				测量人员			复核人员		
测点号	设计坐标			实测坐标			较差		
	x	y	H	x	y	H	Δx	Δy	Δh
监理检查意见	□查验合格 □纠正差错后合格 □纠正差错后再报						监理单位签章		

沉降观测点、位移监测点平面位置布置图(样表 5)

说明：1. 必须标明建筑物外框轴线，设置观测点的轴线号。
2. 必须标明相邻两个沉降观测点的距离。
3. 必须标明指北针方向。

施工单位观测人员签字	施工单位和项目部测量人员签字并加盖公章，签字时间为首次观测的时间。 年　月　日	监理单位检查人员签字	测量监理人员签字并加盖公章 年　月　日

沉降观测成果表(样表 6)

工程名称：　　　　　　　　　　　　工程编号：　　　　　　　　　　　　共____页第____页

观测次数	观测日期	沉降情况												施工阶段
		No. ____			No. ____			No. ____			No. ____			
		绝对高/m	本次下沉/mm	累积下沉/mm	绝对高/m	本次下沉/mm	累积下沉/mm	绝对高/m	本次下沉/mm	累积下沉/mm	绝对高/m	本次下沉/mm	累积下沉/mm	
说明	1. 本次测量依据厂区内基准点控 $1^{\#}$ 引测。 2. 表中本次下沉值为本次沉降观测与上一次观测比较值。 3. 使用仪器(型号、编号)。													

施工单位：　　　　　　测量人员：　　　　　　复核人员：　　　　　　专业监理工程师：

桩竣工测量成果表(样表 7)

工程编号:工程的三级编号　　　　工程名称:合同签署的工程名称　　　　共　　页第　　页

依据图号:放样过程中所涉及的图纸编号

桩位编号	设计值			实测值			比差			备注
	x	y	H	x	y	H	Δx	Δy	Δh	

(+) x
(−)　(+)
y
(−)

1. 本工程为×××工程×××基础桩竣工中心线及标高的复核记录。

2. 施测依据为业主提供的一级施工控制网点 $A(A=,B=)$、$B(A=,B=,H=)$的引测,经检查其偏差均在允许范围内。

3. 使用仪器:仪器型号、编号。

本表适用于桩的竣工资料。

施工单位:　　　　测量人员:　　　　复核人员:　　　　专业监理工程师:

测量平面控制网检测坐标对比表(样表8)

工程名称：　　　　　　　　　　　　　　　　　　　　　　　检测时间：　　年　　月　　日

序号	点名	设计坐标		检测坐标		偏移量		设计高程	检测高程	比差
		x	y	x	y	Δx/mm	Δy/mm	H	H	Δh /mm

测量：　　　　　　　记录：　　　　　　　计算：　　　　　　　编制：　　　　　　　审核：

测量控制网成果表(样表9)

工程名称：　　　　　　　　　　　　　　　　　布设(检测)时间：　　年　　月　　日

序号	点名	平面坐标		高程	备注
		x/m	y/m	H/m	

编制：　　　　　　　　　　　　　　　　　　审核：

位移观测成果表(样表 10)

工程名称：　　　　　　　　　　工程编号：　　　　　　　　　　共　　页第　　页

点名	支距/m	本次位移/mm	累积位移/mm	备注
				仪器名称： 仪器编号： 计量编号： 依据控制点： 本次为第　次观测

施工单位：　　　　复核：　　　　测量人：　　　　监理单位签章：　　　　年　　月　　日

水准测量复核原始记录表(样表 11)

工程名称：×××工程		日期：		测线：SJ17-SJ18-			
观测：		记录：		天气：		仪器：	
桩号里程	后视	仪高	前视	中视	实测高程	设计高程	误差

说明：

查验结果	□查验合格	□纠正差错后合格	□纠正差错后再报
监理签字			

交桩记录表(样表 12)

<table>
<tr><td>工程名称</td><td colspan="2"></td><td>合同号:</td><td>桩号:</td></tr>
<tr><td colspan="4">参与单位</td><td>参与人签名</td></tr>
<tr><td colspan="2">业主(代表)</td><td colspan="2"></td><td></td></tr>
<tr><td colspan="2">设计单位</td><td colspan="2"></td><td></td></tr>
<tr><td colspan="2">施工单位</td><td colspan="2"></td><td></td></tr>
<tr><td colspan="2">监理单位</td><td colspan="2"></td><td></td></tr>
<tr><td rowspan="4">桩志和资料交接情况</td><td colspan="4">1.导线点交接:共交导线点　　个。编号为:</td></tr>
<tr><td colspan="4">2.水准点交接:共交水准点　　个。编号为:</td></tr>
<tr><td colspan="4">3.桥位桩交接:共交接桥位桩　　个。编号为:</td></tr>
<tr><td colspan="4">4.测量资料交接:
① 导线点、水准点成果表;
② 计算说明书。</td></tr>
<tr><td>遗留问题</td><td colspan="4"></td></tr>
</table>

交接时间:　　年　　月　　日

注:复测报告应包括下列内容。

(1) 复测方法、使用仪器和复测结果说明。

(2) 测量仪器鉴定证书。

(3) 复测结果汇总表(D-102、D-103)和复测记录(D-80.1、D-80.3)。

(4) 导线点、水准点布置图(D-80.9)。

(5) 精度计算书 D-80.2。

(6) 导线、水准点复测成果对照表(D-80.11、D-80.12)。

桥面（梁、板）高程测量记录表（样表 13）

工程名称：　　　　　　　　　　　　施测依据：　　　　　　　　　　　　编号：

施工单位：　　　　　　　　　　　　测量日期：　　　　　　　　　　　　第　　页共　　页

测点名称及高程：	后视读数：	视线高程：

桩号	桥面左边缘测点			左半幅中点			桥面中线测点			右半幅中点			桥面右边缘测点		
	设计高程	中间读数实测高程	偏差值/mm	设计高程	中间读数实测高程	偏差值/mm	设计高程	中间读数实测高程	偏差值/mm	设计高程	中间读数实测高程	偏差值/mm	设计高程	中间读数实测高程	偏差值/mm

测量：　　　　　　　计算：　　　　　　　复核：　　　　　　　监理：　　　　　　　日期：

中桩平面偏位检测表(样表 14)

工程名称		起讫桩号	
检测部位		检测日期	

桩号	设计值		实测值		偏差			备注
	x	y	x	y	Δx	Δy	$\sqrt{\Delta x^2+\Delta y^2}$	

测量：　　计算：　　复核：　　监理：　　日期：

标高测量成果表

工程名称：合同签署的工程名称　　施测内容：　　共　页第　页

工程编号：工程的三级编号　　依据资料：　　放样过程中所涉及的图纸编号

设计符号	点号	设计高	实测高	比差	略图和说明
		m	m	mm	

测量人员	二级公司测量人员签字	日期	年　月　日	监理单位签章：
复核人员	项目测量人员签字	日期	年　月　日	
施工单位签章	二级项目部名称	日期	年　月　日	年　月　日